MUJU ZHIZAO JISHU

模具制造技术

周兰菊　李云梅　编　著

U0319922

化学工业出版社
·北京·

本书为高职高专工作过程导向项目化教材，内容包括模具加工工艺规程、模具零件的机械加工（车削、铣削、锉配、磨削、研磨和抛光）、模具零件的数控加工、模具零件的特种加工（电火花加工和切割）和模具装配工艺（冲裁模、塑料模）。本书将模具制造知识和技能分解为 5 个工作项目、20 个工作任务，每个工作任务的内容包括知识、技能、案例教学以及思考与练习。

本书可供高职高专机械类专业教学选用，也可供模具制造技术人员参考。

图书在版编目（CIP）数据

模具制造技术/周兰菊，李云梅编著. —北京：化学
工业出版社，2016.6
ISBN 978-7-122-26718-4

Ⅰ.①模…　Ⅱ.①周…　②李…　Ⅲ.①模具-制造-技
术手册　Ⅳ.①TG76

中国版本图书馆 CIP 数据核字（2016）第 070860 号

责任编辑：李玉晖　　　　　　　　　　文字编辑：张绪瑞
责任校对：吴　静　　　　　　　　　　装帧设计：孙远博

出版发行：化学工业出版社（北京市东城区青年湖南街 13 号　邮政编码 100011）
印　　刷：北京永鑫印刷有限责任公司
装　　订：三河市宇新装订厂
787mm×1092mm　1/16　印张 11　字数 268 千字　2016 年 8 月北京第 1 版第 1 次印刷

购书咨询：010-64518888（传真：010-64519686）　售后服务：010-64518899
网　　址：http://www.cip.com.cn
凡购买本书，如有缺损质量问题，本社销售中心负责调换。

定　　价：26.00 元

前　言

为了适应高职高专新的教学要求，突出培养模具应用型人才的实际工程技术问题解决能力，特编写本书。本书充分体现了高职高专教育的特点，本着"易学、易用"的编写原则，使学生充分掌握基本的理论知识和必要的技术技能知识。

本教材以项目为基本写作单元，每个项目都包含一个相对独立的教学主题和重点。全书在内容安排上力求做到深浅适度、详略得当，并注意了广泛性、适用性，所选实例典型实用；在叙述上力求简明扼要、通俗易懂，既方便教师讲授，又方便学生理解掌握。

全书内容编排主要分五个项目。

项目一是模具加工工艺规程，主要介绍模具零件的基准选择和安装、工艺路线的拟订、加工余量的确定、模具加工的工艺规划。学生学完此部分内容后，不仅了解了模具加工前的工艺安排，并为以后学习模具加工打下良好的基础。

项目二是模具零件的机械加工，主要介绍模具零件的车削加工、铣削加工、锉配加工、磨削加工以及复杂模具零件的加工案例、模具零件的研磨和抛光。学生学完此部分内容后，能根据模具零件特征合理选择加工方式，对实际的技能操作有重要的指导作用。

项目三是模具零件的数控加工，主要介绍数控加工的基础知识、数控铣床的加工工艺、数控铣削常用加工指令、简化编程功能指令、加工中心编程。学生学完此部分内容后，能掌握模具零件的数控编程。

项目四是模具零件的特种加工，主要介绍电火花加工、电火花线切割加工。学生学完此部分内容后，对了解模具零件的特种加工及操作奠定一个良好的基础。

项目五是模具装配工艺，主要介绍模具装配基础知识、冲裁模的装配、塑料模的装配。学生学完此部分内容后，对模具装配工艺进行了解并为以后进行模具装配奠定一个良好的基础。

本教材由天津职业技术师范大学首届博士生周兰菊（工作单位：天津电子信息职业技术学院）、李云梅（工作单位：天津轻工职业技术学院）编写，编写分工如下：周兰菊编写了项目二和项目五；李云梅编写了绪论、项目一、项目三和项目四，此外，天津电子信息职业技术学院刘洪贤副教授主审了全书，并对整个初稿提出了宝贵和详细的修改意见，在此表示衷心感谢。

由于编者水平有限和编写时间仓促，书中难免有疏漏和不当之处，恳切希望广大读者批评指正。

编　者

2016 年 3 月

目 录

绪　论

在现代工业生产中，模具是重要的工艺装备之一，它在铸造、锻造、冲压、塑料、橡胶、玻璃、粉末冶金、陶瓷制品等生产行业中得到了广泛应用。由于采用模具进行生产能提高生产效率、节约原材料、降低成本，并可保证一定的加工质量要求，所以，汽车、飞机、拖拉机、电器、仪表、玩具和日常用品等产品的零部件很多都采用模具进行加工。随着科学技术的发展，工业产品的品种和数量不断增加，产品的改型换代加快，对产品质量、外观不断提出新的要求，对模具质量的要求也越来越高。

世界上一些工业发达国家，模具工业的发展是很迅速的。据有关资料介绍，有些国家的模具总产值已超过了机床工业的总产值，其发展速度超过了机床、汽车、电子等工业。模具工业在这些国家已摆脱了从属地位而发展成为独立的行业，是国民经济的基础工业之一。模具技术，特别是制造精密、复杂、大型、长寿命模具的技术，已成为衡量一个国家机械制造水平的重要标志之一。为了适应工业生产对模具的需求，在模具生产中采用了许多新工艺和先进加工设备，不仅改善了模具的加工质量，也提高了模具制造的机械化、自动化程度。计算机的应用给模具设计和制造开辟了新的前景。

一、本课程的性质和任务

"模具制造技术"是为培养模具设计及制造专业人才而设置的专业课程之一。通过本课程教学，并配合其他教学环节使学生初步掌握工艺规程的制订；掌握一定基础理论知识；具有一定的分析、解决工艺技术问题的能力；为进一步学习本专业新工艺、新技术打下必要的基础。

"模具制造技术"和其他学科一样，有它自己的规律和内在联系。如加工一个零件所产生的加工误差，直接受加工设备、毛坯情况和其他工艺因素的综合影响，它们之间存在着一定的内在联系。一个零件的工艺路线，各工序间也存在着相互联系和影响，所以在学习本课程时要善于进行深入的分析和思考，掌握工艺过程的内在联系和规律，并运用这些规律处理工艺技术问题。

通过本课程的学习，学生可获得以下几个方面能力的拓展：

① 掌握模具制造技术的基本知识、基本理论和制造方法的基本原则及特点，提高合理设计模具的能力。

② 初步掌握模具加工工艺规程的制订方法。

③ 了解模具加工和制造技术的发展趋势。

④ 为进一步学习本专业新工艺、新技术打下基础。

⑤ 初步具备分析模具结构工艺的能力，并且能够灵活运用所学知识处理生产实践中的一般工艺技术问题。

1

⑥ 具备数控编程的一般知识，掌握数控编程的程序编制及操作技能。

"模具制造技术"是一门实践性较强的课程。任何模具零件的工艺路线和所采用的工艺方法都与实际生产条件密切相关，在处理工艺技术问题时一定要理论联系实际。对于同一加工零件，在不同的生产条件下可以采用不同的工艺路线和工艺方法达到工件的技术要求。注意在生产过程中学习、积累模具生产的有关知识和经验，以便能更好地处理生产中的有关技术问题。

二、中国模具工业的现状与发展

1. 中国模具工业和制造技术现状

近年来，模具工业一直以 15％左右的增长速度快速发展，模具工业企业的所有制成分也发生了巨大变化，除了国有专业模具厂外，集体、合资、独资和私营也得到了快速发展。

随着与国际接轨的脚步不断加快，市场竞争的日益加剧，人们已经越来越认识到产品质量、成本和新产品的开发能力的重要性。而模具制造是整个链条中最基础的要素之一，模具制造技术现已成为衡量一个国家制造业水平高低的重要标志，并在很大程度上决定企业的生存空间。

近年来，我国的模具工业也有较大发展，每年能生产上百万套模具。多工位级进模具和长寿命硬质合金模具的生产及应用有了进一步扩大。为满足新产品试制和小批量生产的需要，我国模具行业制造了多种结构简单、生产周期短、成本低的简易冲模，如钢皮冲模、聚氨酯橡胶模、低熔点合金模具、锌合金模具、组合冲模、通用可调冲孔模等。数控铣床、数控电火花加工机床、加工中心等加工设备已在模具生产中被采用。电火花和线切割加工已成为冷冲模制造的主要手段。对型腔的加工正在根据模具的不同类型采用电火花加工、电解加工、电铸加工、陶瓷型精密铸造、冷挤压、超塑成形以及利用照相腐蚀技术加工型胶皮革纹表面等多种工艺。模具的计算机辅助设计和制造（CAD/CAM）也已进行开发和应用。

尽管我国的模具工业这些年来发展较快，模具制造的水平也在逐步提高，但和工业发达国家相比，仍存在较大差距，主要表现在模具品种少、精度差、寿命短、生产周期长等方面。由于制造技术落后，造成了模具供不应求的状况，远不能适应国民经济发展的需要，严重影响工业产品品种的发展和质量的提高。许多模具（尤其是精密、复杂、大型模具）由于国内不能制造，不得不从国外高价引进。为了尽快改变这种状况，国家已采取了许多措施促进模具工业的发展，争取在较短的时间内使模具生产基本适应各行业产品发展的需要，掌握生产精密、复杂、大型、长寿命模具的技术，使模具标准件实现大批量生产。

由于模具是一种生产效率很高的工艺装备，其种类很多（按其用途分为冷冲模、塑料陶瓷模、压铸模、锻模、粉末冶金模、橡胶模、玻璃模等），组成各种不同用途模具的零件是多种多样。模具生产多为单件生产，这就给模具生产带来许多困难，为了减少模具设计制造的工作量，模具零件的标准化工作尤为重要。标准化了的模具零件可以组织批量生产，向市场提供这些模具的标准零件和组件。制造一种新模具只需制造那些非标准零件，再将和标准零件装配起来便成为一套完整的模具，从而使模具的生产周期缩短，制造成本降低。我国已制定了冷冲模、塑料注射模、压铸模、锻模、橡胶模等的国家标准。模架、模板、导柱、导套等模具的标准零件，也开始了小规模的专业化生产。

近年来许多模具企业加大了用于技术进步的投资力度，将技术进步视为企业发展的重要动力。国内模具企业已普及了二维 CAD，并陆续开始使用 UG、Pro/Engineer、I-DEAS、

Euclid-IS 等国际通用软件，还有厂家引进了 Moldflow、C-Flow、DYNAFORM、Optris 和 MAGMASOFT 等 CAE 软件，并成功应用于模具的设计中。

以汽车覆盖件模具为代表的大型冲压模具的制造技术已取得很大进步，东风汽车公司模具厂、一汽模具中心等模具厂家已能生产部分轿车覆盖件模具。此外，许多研究机构和大专院校开展模具技术的研究和开发。经过多年的努力，在模具 CAD/CAE/CAM 技术方面取得了显著进步；在提高模具质量和缩短模具设计制造周期等方面做出了贡献。例如，吉林大学汽车覆盖件成形技术所独立研制的汽车覆盖件冲压成形分析 KMAS 软件，华中科技大学模具技术国家重点实验室开发的注塑模、汽车覆盖件模具和级进 CAD/CAE/CAM 软件，上海交通大学模具 CAD 国家工程研究中心开发的冷冲模和精冲研究中心开发的冷冲模及精冲模 CAD 软件等在国内模具行业拥有不少的用户。

虽然中国模具工业在过去十多年中取得了令人瞩目的发展，但许多方面与工业发达国家相比仍有较大的差距。例如，精密加工设备在模具加工设备中的比重比较低；CAD/CAE/CAM 技术的普及率不高；许多先进的模具技术应用不够广泛等等，致使相当一部分大型、精密、复杂和长寿命模具依赖进口。

2. 模具制造技术的发展方向

模具技术的发展应该为适应模具产品"交货期短"、"精度高"、"质量好"、"价格低"的要求服务。达到这一要求急需发展如下几项：

（1）全面推广 CAD/CAM/CAE 技术　模具 CAD/CAM/CAE 技术是模具设计制造的发展方向。随着微机软件的发展和进步，普及 CAD/CAM/CAE 技术的条件已基本成熟，各企业将加大 CAD/CAM 技术培训和技术服务的力度；进一步扩大 CAE 技术的应用范围。计算机和网络的发展正使 CAD/CAM/CAE 技术跨地区、跨企业、跨院所地在整个行业中推广成为可能，实现技术资源的重新整合，使虚拟制造成为可能。

（2）高速铣削加工　国外近年来发展的高速铣削加工，大幅度提高了加工效率，并可获得极高的表面光洁度。另外，还可加工高硬度模块，还具有温升低、热变形小等优点。高速铣削加工技术的发展，对汽车、家电行业中大型型腔模具制造注入了新的活力。目前它已向更高的敏捷化、智能化、集成化方向发展。

（3）模具扫描及数字化系统　高速扫描机和模具扫描系统提供了从模型或实物扫描到加工出期望的模型所需的诸多功能，大大缩短了模具的在研制造周期。有些快速扫描系统，可快速安装在已有的数控铣床及加工中心上，实现快速数据采集、自动生成各种不同数控系统的加工程序、不同格式的 CAD 数据，用于模具制造业的"逆向工程"。模具扫描系统已在汽车、摩托车、家电等行业得到成功应用。

（4）电火花铣削加工　电火花铣削加工技术也称为电火花创成加工技术，是一种替代传统的用成形电极加工型腔的新技术，它利用高速旋转的简单的管状电极作三维或二维轮廓加工（像数控铣一样），因此不再需要制造复杂的成形电极，是电火花成形加工领域的重大发展。在国外模具加工中已有这种技术的应用。

（5）提高模具标准化程度　我国模具标准化程度正在不断提高，估计目前我国模具标准件使用覆盖率已达到 30% 左右。国外发达国家一般为 80% 左右。

（6）优质材料及先进表面处理技术　选用优质钢材和应用相应的表面处理技术来提高模具的寿命是十分重要的。模具热处理和表面处理是能否充分发挥模具钢材料性能的关键环节。模具热处理的发展方向是采用真空热处理。模具表面处理的发展方向是采用工艺先进的气相沉积（TiN、TiC 等）、等离子喷涂等技术。

（7）模具研磨抛光的自动化、智能化　模具表面的质量对模具使用寿命、制件外观质量等方面均有较大的影响。自动化、智能化的研磨与抛光方法替代现有手工操作，是提高模具表面质量的重要途径。

（8）模具自动加工系统的发展　这是我国长远发展的目标。模具自动加工系统应有多台机床合理组合；配有随行定位夹具或定位盘；有完整的机具、刀具数控库；有完整的数控柔性同步系统；有质量监测控制系统。

三、模具制造技术的基本要求及特点

1. 模具制造的基本要求

在工业产品的生产中，应用模具的目的在于保证产品的质量，提高生产率和降低成本等。因此，除了正确进行模具设计，采用合理的模具结构外，还必须有高质量的模具制造作为技术。制造模具时，不论采取哪一种方法都应该满足如下几个要求。

（1）制造精度高　为了生产合格的产品和发挥模具的效能，模具设计和制造必须具有较高的精度。模具的精度主要由制品精度要求和模具结构决定，为了保证制品的精度和质量，模具工作部分的精度通常要比制品精度高 2～4 级。模具结构则对上、下模之间的配合有较高的要求，组成模具的零件都必须有足够的制造精度，否则模具将不可能生产合格的制品，甚至会导致模具无法正常使用。

（2）使用寿命长　模具是比较昂贵的工艺装备，目前模具制造费用约占产品成本的 10%～30%，其使用寿命将直接影响生产成本。因此，除了小批量生产和新产品试制等特殊情况外，一般都要求具有较长的使用寿命，在大批量生产的情况下，模具的使用寿命更加重要。

（3）制造周期短　模具制造周期的长短主要决定于制造技术和生产管理水平的高低。为了满足生产的需要，提高产品的竞争能力，必须在保证质量的前提下尽量缩短模具制造周期。

（4）模具成本低　模具成本与模具结构的复杂程度、模具材料、制造精度要求以及加工方法有关。模具技术人员必须根据制品要求合理设计和制订其加工工艺，努力降低模具制造成本。

必须指出，上述四个指标是互相关联、相互影响的。片面追求模具精度和使用寿命必将导致制造成本的增加，只顾降低成本和缩短周期而忽略模具精度和使用寿命的做法也是不可取的。在设计与制造模具时，应根据实际情况全面考虑，即应在保证产品质量的前提下，选择与生产量相适应的模具结构和制造方法，使模具成本降低到最小。如果想提高模具制造的综合指标，就应该认真研究现代模具制造理论，积极采用先进制造技术，以满足现代工业发展的需要。

2. 模具加工程序

模具加工的一般程序是：模具标准件准备→坯料准备→模具零件形状加工→热处理→模具零件精加工→模具装配。

冲模由凸模、凹模、导向、顶出等部分组成，注塑模及压铸模由型腔部分的定模以及型芯部分的动模，还有导向、顶出、支承等部分组成。一副模具的零件多达 100 种以上。其中除了标准件可以外购，直接进行装配外，其他零件都要进行加工。

坯料准备是为各模具零件提供相应的坯料。其加工内容按原材料的类型不同而异。对于锻件或切割钢板要进行六面加工，除去表面黑皮，将外形尺寸加工到要求，磨削两平面及基准面，使坯料平行度和垂直度符合要求。直接应用标准模块，则坯料准备阶段不需要再作任何加工，是缩短制模周期的最有效方法。模具设计人员应尽可能选用标准模块。

模具零件形状加工的任务是按要求对坯料进行内外形状的加工。例如，按冲裁凸模所需形状进行外形加工，按冲裁凹模所需形状加工型孔、紧固螺栓及销钉孔。又如按照注塑模型芯的形状进行内、外形状加工，或按型腔的形状进行内形加工。

热处理是使经初步加工的模具零件半成品达到所需的硬度。

模具零件的精加工是对淬硬的模具零件半成品进一步加工，以满足尺寸精度、形状精度和表面质量的要求。针对精加工阶段材料较硬的特点，大多数采用磨削加工和精密电加工方法。

无论是冲模或注塑模都有预先加工好的标准件供模具设计人员选用。现在，除了螺栓、销钉、导柱、导套等一般标准外，还有常用圆形和异形冲头、导销、推杆等各种标准件。此外还开发了许多标准组合，使模具标准化达到更高的水平。模具制造中的标准化程度越高，则加工周期越短。

模具装配的任务是将已加工好的模具零件及标准件按模具总装配图要求装配成一副完整的模具。在装配过程中，需对某些模具零件进行抛光和修整。试模后还需对某些部位进行调整和修正，使模具生产的制件符合图样要求。而且模具能正常地连续工作，模具加工过程才结束。在整个模具加工过程中还需对每一道加工工序的结果进行检验和确认，才能保证装配好的模具达到设计要求。

3. 模具加工方法的分类

模具加工方法主要分为切削加工及非切削加工两大类。这两类中各自所包含的各种加工方法见表0-1。

通常，按照模具的种类、结构、用途、材质、尺寸、形状、精度及使用寿命等各种因素选用相应的加工方法。

各种加工方法均有可能达到的精度和经济精度。为了降低生产成本，根据模具各部位的不同要求尽可能使用各加工方法的经济精度。

表 0-1 模具加工方法

分类	加工方法	机床	使用工（刀）具	适用范围
切削加工	平面加工	龙门刨床 牛头刨床 龙门铣床	刨刀 刨刀 端面铣刀	对模具坯料进行六面加工
	车削加工	车床 数控车床 立式车床	车刀 车刀 车刀	加工内外圆柱锥面、端面、内槽、螺纹、成形表面以及滚花、钻孔、铰孔和镗孔等
	钻孔加工	钻床 横臂钻床 铣床 数控铣床 加工中心	钻头、铰刀 钻头、铰刀 钻头、铰刀 钻头、铰刀 钻头、铰刀	加工模具零件的各种孔
		深孔钻	深孔钻头	加工注塑模冷却水孔

续表

分类	加工方法	机床	使用工(刀)具	适用范围
切削加工	镗孔加工	卧式镗床 加工中心 铣床	镗刀 镗刀 镗刀	镗销模具中的各种孔
		坐标镗床	镗刀	镗削高精度孔
	铣削加工	铣床 数控铣床 加工中心	立铣刀、端面铣刀 立铣刀、球头铣刀 立铣刀、球头铣刀	铣削模具各种零件
		仿形铣床	球头铣刀	进行仿形加工
		雕刻机	小直径立铣刀	雕刻图案
	磨削加工	平面磨床	砂轮	磨削模板各平面
		成形磨床 数控磨床 光学曲线磨床	砂轮 砂轮 砂轮	磨削各种形状模具零件的表面
		坐标磨床	砂轮	磨削精密模具孔
		内、外圆磨床	砂轮	圆形零件的内、外表面
		万能磨床	砂轮	可实施锥度磨削
	电加工	型腔电加工	电极	用上述切削方法难以加工的部位
		线切割加工	线电极	精密轮廓加工
		电解加工	电极	型腔和平面加工
	抛光加工	手持抛光机	各种砂轮	去除铣削痕迹
		抛光机或手工抛光	锉刀、砂纸、 油石、抛光剂	对模具零件进行抛光
非切削加工	挤压加工	压力机	挤压凸模	难以切削加工的型腔
	铸造加工	铍铜压力铸造 精密铸造	铸造设备 石膏模型铸造设备	铸造注塑模型腔
	电铸加工	电铸设备	电铸母型	精密注塑模型腔
	表面装饰纹加工	蚀刻装置	装饰纹样板	在注塑模型腔表面加工

项目一 模具加工工艺规程

任务1 模具零件的基准选择和安装

说明： 任务1的具体内容是，掌握基准的概念，掌握工件定位的基本原理、定位基准的选择和工件装夹的方法。通过这一具体任务的实施，能够根据零件的加工条件合理选用基准并正确安装工件。

知识点与技能点

1. 基准的概念，弄清楚设计基准和工艺基准。
2. 工件定位的基本原理和定位的选择。
3. 掌握工件的正确安装。

相关知识

一、基准的概念

零件总是由若干表面组成，各表面之间有一定的尺寸和相互位置要求。模具零件表面间的相对位置包括两方面要求：表面间的距离尺寸精度和相对位置精度（如同轴度、平行度、垂直度等）。研究零件表面间的相对位置关系是离不开基准的，不明白基准就无法确定零件表面的位置。基准就其一般意义来讲，就是零件上用以确定其他点、线、面的位置所依据的点、线、面。基准按其作用不同，可分为设计基准和工艺基准两大类。

1. 设计基准

设计零件图时用以确定其他点、线、面的基准，称为设计基准。如图1-1所示。

2. 工艺基准

零件在加工和装配过程中所使用的基准，称为工艺基准。可分为工序基准、定位基准、测量基准和装配基准。

（1）工序基准 在工序图上用来确定本工序被加工表面加工后的尺寸、形状、位置的基准称为工序基准。如图1-2所示。

（2）定位基准 在加工时，为了保证工

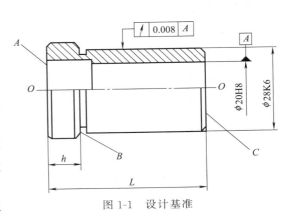

图1-1 设计基准

件相对于机床和刀具之间的正确位置（即将工件定位）所使用的基准称为定位基准。

（3）测量基准　测量时所采用的基准称为测量基准。如图1-3所示。

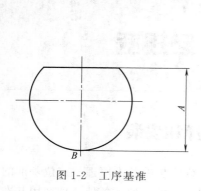

图1-2　工序基准

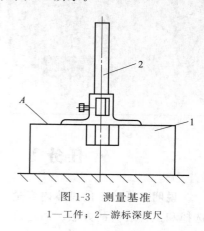

图1-3　测量基准
1—工件；2—游标深度尺

（4）装配基准　装配时用来确定零件或部件在产品中的相对位置所采用的基准称为装配基准。如图1-4所示的定位环孔 D（H7）的轴线是设计基准，在进行模具装配时又是模具的装配基准。

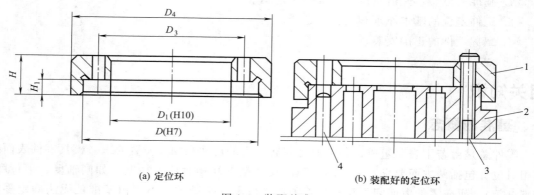

(a) 定位环　　　　　　　　　　(b) 装配好的定位环

图1-4　装配基准
1—定位环；2—凹模；3—螺钉；4—销钉

二、工件定位的基本原理

1. 工件定位

工件正确定位应满足的要求：

（1）应使工件相对于机床处于一个正确的位置。如图1-5所示零件，为保证被加工表面（$\phi45r6$）相对于内圆柱面的同轴度要求，工件定位时必须使设计基准内圆柱面的轴心线 O-O 与机床主轴的回转轴线重合。

图1-6所示凸模固定板，加工时为保证孔与Ⅰ面垂直，必须使Ⅰ面与机床的工作台面平行。

（2）要保证加工精度，位于机床或夹具上的工件还必须相对于刀具有一个正确位置。

①　试切法。试切—测量—调整—再试切，反复进行到被加工尺寸达到要求为止的加工方法。如图1-7（a）所示，多用于单件小批生产。

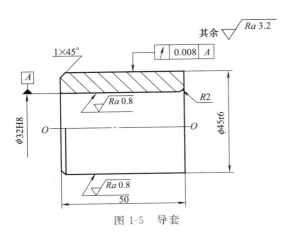

图 1-5 导套

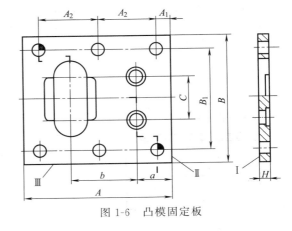

图 1-6 凸模固定板

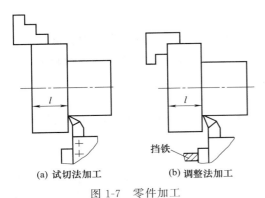

(a) 试切法加工 (b) 调整法加工

图 1-7 零件加工

② 调整法。先调整好刀具和工件在机床上的相对位置，并在一批零件的加工过程中保持这个位置不变，以保证工件被加工尺寸的方法。如图 1-7（b）所示，多用于成批和大量生产。

2. 工件定位的基本原理

工件的六个自由度如图 1-8 所示。工件可沿三个垂直坐标轴方向平移到任何位置，通常称工件沿三个垂直坐标轴具有移动的自由度，分别以 X、Y、Z 表示，工件的定位如图 1-9 所示。

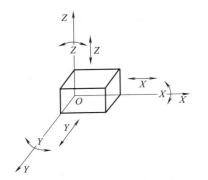

图 1-8 工件的六个自由度

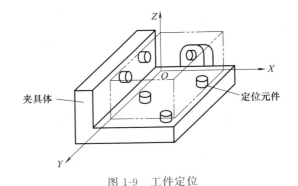

图 1-9 工件定位

三、定位基准的选择

1. 粗基准

（1）定义 机械加工的最初工序只能用工件毛坯上未经加工的表面做定位基准，这种定位基准称为粗基准。

（2）选择

① 为保证加工表面与不加工表面之间的位置尺寸要求，应选不加工表面作粗基准。如图 1-10 所示。

② 若要保证某加工表面切除的余量均匀，应选该表面作粗基准。如图 1-11 所示。

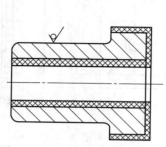

图 1-10　以不加工表面作粗基准

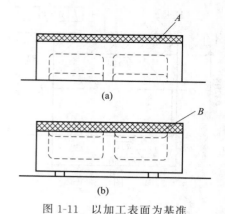

(a)

(b)

图 1-11　以加工表面为基准

③ 为保证各加工表面都有足够的加工余量，应选择毛坯余量小的表面作粗基准。

④ 选作粗基准的表面，应尽可能平整，不能有飞边、浇注系统、冒口或其他缺陷。

⑤ 一般情况下粗基准不重复使用。

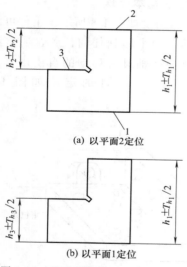

(a) 以平面2定位

(b) 以平面1定位

图 1-12　基准重合与不重合的示例

2. 精基准

（1）定义　用已经加工过的表面作定位基准称为精基准。

（2）选择

① 基准重合原则　选设计基准作定位基准，容易保证加工精度。如图 1-12（a）所示零件，加工平面 3 时，选平面 2 为定位基准则符合重合原则，采用调整法加工，直接保证的尺寸为设计尺寸 $h_2 \pm \dfrac{T_{h_2}}{2}$。

选平面 1 作定位基准时，则不符合基准重合原则，采用调整法加工，直接保证的尺寸 $h_3 \pm \dfrac{T_{h_3}}{2}$，如图 1-12（b）所示。

② 基准统一原则　应选择几个被加工表面（或几道工序）都能使用的定位基准为精基准。既便于保证各加工表面间的位置精度，又有利于提高生产率。

③ 自为基准原则　精加工或光整加工工序要求加工余量小而均匀，这时应尽可能用加工表面自身为精基准。

④ 互为基准原则　两个被加工表面之间位置精度较高，要求加工余量小而均匀时，多以两表面互为基准进行加工。如图 1-13 所示。

以上每条都只说明一个方面的问题，在实际应用时有可能出现相互矛盾的情况，因此一定要全面考虑，灵活应用。加工限制的自由度如图 1-14 所示。

定位基准选择不能单单考虑本工序定位、夹紧是否合适，而应结合整个工艺路线进行统一考虑，使先行工序为后续工序创造条件，使每个工序都有合适的定位基准和夹紧方式。

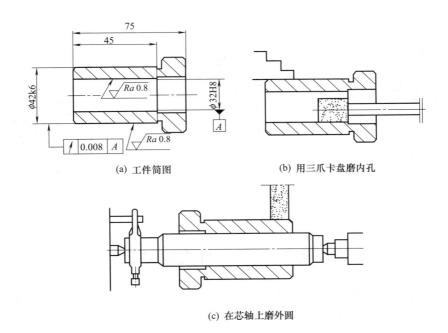

(a) 工件简图　　　　　　(b) 用三爪卡盘磨内孔

(c) 在芯轴上磨外圆

图 1-13　采用互为基准磨内孔和外圆

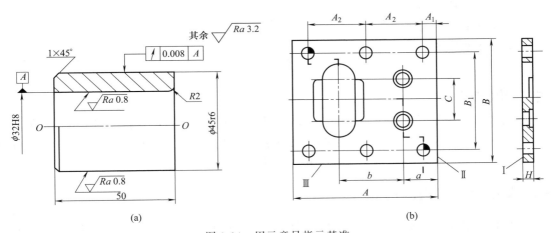

(a)　　　　　　　　　　　　(b)

图 1-14　用示意号指示基准

四、工件的装夹方法

1. 找正法装夹工件

（1）直接找正法　用百分表、划针或目测在机床上直接找正工件的有关基准，使工件占有正确的位置称为直接找正法。如图 1-15 所示，多用于单件和小批生产。

（2）划线找正法　在机床上用划线盘按毛坯或半成品上预先划好的线找正工件，使工件获得正确的位置称划线找正法。如图 1-16 所示，多用于单件小批生产。

2. 用夹具装夹工件

利用夹具上的定位元件使工件获得正确位置。一般用于成批和大量生产。

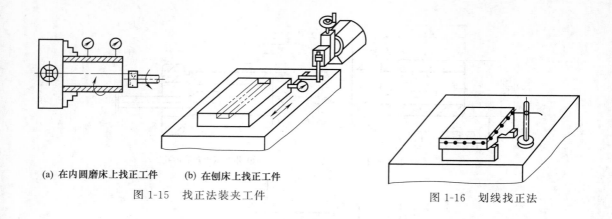

(a) 在内圆磨床上找正工件　　(b) 在刨床上找正工件

图 1-15　找正法装夹工件

图 1-16　划线找正法

任务 2　工艺路线的拟订

说明：任务 2 的具体内容是，掌握加工阶段的划分，掌握加工工序的安排和加工顺序的安排。通过这一具体任务的实施，能够正确拟定加工路线。

知识点与技能点

1. 加工阶段的划分。
2. 工序的集中与分散。
3. 加工顺序的安排。

相关知识

工艺路线的拟订是制订工艺规程的总体布局。其主要任务是选择各个加工表面的加工方法和加工方案。确定各个表面的加工顺序以及整个工艺过程中工序的多少等。除定位基准的合理选择外，拟订工艺路线还要考虑以下几个方面。

一、表面加工方法的选择

当明确了各加工表面的技术要求后，即可据此选择能保证该要求的最终加工方法，并确定需几个工步以及各个工步的加工方法。所选择的加工方法，应满足零件的质量、加工经济性和生产效率的要求。选择加工方法时应考虑下列因素：

1. 经济精度和经济粗糙度

首先要根据加工表面的形状、特点、加工的质量要求和各种加工方法所能达到的经济精度和经济粗糙度来确定加工方法以及几次加工。

所谓经济精度和经济粗糙度是指在正常条件下一种加工方法所能够达到的精度和粗糙度。

2. 零件材料及力学性能

决定加工方法时要考虑加工零件的材料及其力学性能。如淬火钢应采用磨削加工；有色金属零件，为避免磨削时堵塞砂轮，一般都采用高速镗削或高速精密车削进行精加工。

3. 零件生产类型

选择加工方法时还要考虑零件生产类型。由于模具零件都属于单件或小批量生产，因此采用通用设备、通用工装以及一般加工方法为主。

4. 现有设备及技术条件

选择加工方法时还要考虑本厂、本车间现有设备情况及技术条件。应该充分利用现有设备，挖掘企业潜力、发挥工人及技术人员的积极性和创造性。同时也应考虑不断改进现有的方法和设备，推广新技术，提高工艺水平。

二、加工阶段的划分

对于加工质量要求较高的零件，工艺过程应该分阶段施工。模具加工工艺过程一般可以分为以下几个阶段：

1. 粗加工阶段

以高速大切削量切去成形件毛坯的大部分切削余量、使尺寸接近于成品，只留较少的余量作为半精加工或精加工的加工量。粗加工的加工余量为 $1.6\sim2\text{mm}$。

2. 半精加工

消除粗加工留下的误差，达到接近于精加工要求的精度，仅留少许加工余量作为精加工，以进一步提高加工精度。半精加工的加工余量是 $0.8\sim1\text{mm}$。

3. 精加工

经过精加工，将半精加工留下的少许加工余量进行加工，以完全达到成形件尺寸精度、位置精度和表面粗糙度的要求。精加工的加工余量为 $0.5\sim0.8\text{mm}$。

4. 光整加工阶段

对于粗糙度 Ra 值要求小于或等于 $0.2\mu\text{m}$ 的成形件，应进行光整加工即镜面抛光。光整加工只用于降低成形面的粗糙度，不用于修正几何形状和相互位置的尺寸。

划分加工阶段的优点如下。

① 保证零件加工质量。可以使零件在粗加工中的误差在半精加工和精加工中得以修正和缩小，以达到提高加工质量。

② 合理使用加工设备。粗加工采用精度低但功率大、刚度高、高效率的机床如高速车床、铣床，可实现大切削量的高速加工，提高生产率，缩短加工时间。粗、精加工分开，可将粗加工中产生的误差、变形等，在半精或精加工中去除，从而达到所需的精度要求。

③ 便于安排热处理工序。为了充分发挥热处理的作用和满足零件的热处理要求，在机械加工过程中需插入必要的热处理工序，使机械加工工艺过程自然划分为几个阶段。

④ 粗加工后可及早发现毛坯的缺陷。

⑤ 表面精加工安排在最后，目的是防止或减少损伤，提高表面加工的精度和质量。

三、工序的集中与分散

工序集中即在一个零件加工过程中，组成的工序数目较少，则在每一道工序中的加工内容就比较多。工序分散即在一个零件加工过程中，组成的工序数目较多，则在每一道工序中的加工内容就比较少。

1. 工序集中的特点

① 工件装夹次数少，可在一次装夹中加工多个表面，有利于保证这些表面间的位置精度。

② 需要的机床数目减少，便于采用高生产率的机床，并可以减少操作工人和生产面积，简化生产计划和组织工作。

③ 专用机床和工艺装备比例较大，调整和维护难度大。

2. 工序分散的特点

工序的加工面单一而相对简单、易于加工，因而对工人的技术水平要求相对较低。自动生产线和传统的流水生产线、装配线是工序分散的典型实例。

四、加工顺序的安排

1. 机加工工序的安排

加工工序的确定应遵循下述原则：

（1）先粗后精　粗加工要求精度不高，而且工件的刚度相对于精加工时较好，可进行高速、大切削量的加工。即使会产生一些变形，也可在半精或精加工时去除，仍可保证加工件对加工精度的要求，还可以大大提高其效率。

（2）基准面先行　以使后加工的各面有良好的定位基准，从而减小定位误差以提高定位和加工精度。

（3）先主后次　主要面即基准面、定位面以及主要的工作面如导柱、导套的内、外圆表面，模板的分型面，其他有配合要求零件的配合面等。

（4）先面后孔。

2. 热处理工序的安排

① 退火、回火、调质与时效处理应在粗加工后进行，以消除粗加工产生的内应力。

② 淬火或渗碳淬火应在半精加工后进行。用以提高耐磨性和机械强度的淬火和渗碳淬火中所引起的变形可在精加工中去除。

③ 渗氮或碳氮共渗等工序也应在半精加工后进行。因为渗氮或碳氮共渗处理的温度低，变形小，精加工时，可将变形去除。另外渗氮或共渗的深度浅，只能进行精加工。

3. 辅助工序及其遵循的原则

辅助工序如检验、清洗整理（去毛刺）和涂覆等。检验工序为辅助工序中的主要工序，它应遵循如下原则：

① 应在粗加工、半精加工之后，精加工之前进行检验。不合格的工件不得进入下一工序。

② 零件从此车间转送另一车间前后应进行检验。

③ 重要工序加工前后应进行检验。

④ 完成全部加工，送装配前或入库（成品库）前应对尺寸和位置精度、表面质量以及技术要求等进行全面检验。不符合图纸要求，不得进行装配，也不准进入成品库。

任务3　加工余量的确定

说明：任务3的具体内容是，掌握加工余量的基本概念，掌握加工余量及尺寸的计算。

通过这一具体任务的实施，能够根据零件的形状正确计算加工余量。

知识点与技能点

1. 加工余量的基本概念。
2. 加工余量及毛坯尺寸的确定。

相关知识

一、加工余量的基本概念

加工余量是指加工过程中从加工表面切去的金属层厚度。加工余量可分为工序加工余量和总加工余量。工序加工余量是指某一表面在一道工序中所切除的金属层厚度，它取决于同一表面相邻工序前后工序尺寸之差。加工余量分为单面加工余量和双面加工余量。平面的加工，加工余量是单边余量，它等于实际切除的金属层厚度，如图 1-17 所示。对于对称表面或回转体表面，其加工余量是对称分布的，是双边余量，如图 1-18 所示。

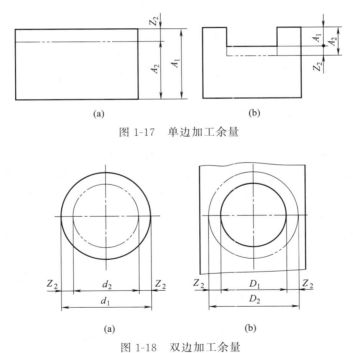

图 1-17　单边加工余量

图 1-18　双边加工余量

二、加工余量及毛坯下料尺寸的确定

1. 确定加工余量的方法

（1）经验估计法　根据工艺人员的经验确定加工余量的方法，但这种方法不够准确。为了防止加工余量不够而产生废品，所估计的加工余量一般偏大，此法常用于单件小批生产。

（2）查表修正法　查阅有关加工余量的手册来确定，应用比较广泛。在查表时应注意表中数据是公称值。对称表面（如轴或孔）的加工余量是双边的，非对称表面的加工余量是单边的。

2. 毛坯设计、质量要求及下料尺寸的计算

模具零件毛坯的设计是否合理，对于模具零件加工的工艺性以及模具的质量和寿命都有很大的影响，在毛坯的设计中，首先考虑的是毛坯的形式，在决定毛坯形式时主要考虑以下几个方面：

① 模具材料的类别。根据在模具设计中规定的模具材料类别，可以确定毛坯形式。例如精密冲裁模的上、下模座多为铸钢材料，大型覆盖件拉深模的凸模、凹模和压边圈零件为合金铸铁时，这类零件的毛坯形式必然为铸钢材料，又如非标准模架的上、下模座材料多为45钢，毛坯形式应该是厚钢板的原型材。

② 模具材料的类别和作用。对于模具结构中的工作零件，例如精密冲裁模和重载冲压模的工作零件，多为高碳高合金工具钢，其毛坯形式应该为锻造件，高寿命冲裁模的工作零件材料多为硬质合金。其毛坯形式为粉末冶金件。对于模具结构中的一般结构件，多选择原型材毛坯形式。

③ 模具零件的几何形状特征和尺寸关系。当模具零件的不同外形表面尺寸相差较大时（如大型凸缘式模柄零件），为了节省原材料和减少机械加工的工作量，应该选择锻件毛坯形式。

通常模具零件的毛坯形式主要分为原型材、锻造件、铸造件和半成品件4种。

（1）原型材　原型材是指利用冶金材料厂提供的各种截面的棒料、丝料、板料或其他形状截面的型材，经过下料以后直接送往加工车间进行表面加工的毛坯。原材料的主要下料方式有：剪切法；锯切法；薄片砂轮切割法；火焰切割法。

（2）锻件　经原型材下料，再通过锻造获得合理的几何形状和尺寸的模具零件坯料，称为锻件毛坯。

① 锻造的目的　模具零件毛坯的材质状态如何，对于模具加工的质量和模具寿命都有较大的影响，特别是模具中的工作零件，大量使用高碳高铬工具钢，这类材料的冶金质量存在缺陷，如存在大量的共晶网状碳化物，这种碳化物很硬也很脆、而且分布不均匀，降低了材料的力学性能、恶化了热处理工艺性能，降低了模具的使用寿命。只有通过锻造打碎共晶网状碳化物，并使碳化物分布均匀，晶粒组织细化，才能充分发挥材料的力学性能，提高模具零件的加工工艺性和使用寿命。

② 锻件毛坯　由于模具生产大多属于单件或小批量生产，模具零件锻件毛坯的锻造方式多为自由锻造。模具零件锻造的几何形状多为圆柱形、圆板形、矩形，也有少数为T形、L形、U形等。

a. 锻件的加工余量　如果锻件机械加工的加工余量过大，不仅浪费了材料，同时造成机械加工工作量过大，增加机械加工工时；如果锻件的加工余量过小，锻造过程中产生的锻造夹层、表层裂纹、氧化层、脱碳层和锻造不平现象不能消除，无法得到合格的模具零件。

b. 锻件下料尺寸的确定　合理地选择圆棒料的尺寸规格和下料方式，对于保证锻件质量和方便锻造操作都有直接的关系。圆棒料的下料长度（L）和圆棒料的直径（d）的关系，应满足 $L=(1.25 \sim 2.5)d$。在满足上述关系的前提下，应尽量选用小规格的圆棒料。模具钢材料原则上采用锯床割下料方式。应避免锯一个切口后打断，这样易于生成裂纹。如采用热切法下料，应注意将毛刺除尽，否则易生成折叠而造成锻件废品。

（3）铸件　模具零件中常见的铸件有冲压模具的上模座和下模座、大型塑料模的框架

等，材料为灰铸铁 HT200 和 HT250；精密冲裁模的上模座和下模座，材料为铸钢 ZG270-500；大、中型冲压成形模的工作零件，材料为球墨铸铁和合金铸铁；吹塑模具和注射模具中的铸造铝合金，如铝硅合金 ZL102 等。

对于铸件的质量要求主要有：

① 铸件的化学成分和力学性能应符合图样规定的材料牌号标准；

② 铸件的形状和尺寸要求应符合铸件图的规定；

③ 铸件的表面应进行清砂处理，去除结疤、飞边和毛刺，其残留高度应小于或等于 1~3mm；

④ 铸件内部，特别是靠近工作面处不得有气孔、砂眼、裂纹等缺陷；非工作面不得有严重的疏松和较大的缩孔；

⑤ 铸件应及时进行热处理，铸钢应依据牌号确定热处理工艺。热处理工艺一般以完全退火为主，退火后硬度≤229HB。铸铁件应进行时效处理，以消除内应力和改善加工性能，铸铁件热处理后的硬度≤269HB。

（4）半成品件　随着模具向专业化和专门化方向发展以及模具标准化程度的提高，以商品形式出现的冷冲模架、矩形凹模板、矩形模板、矩形垫板等零件，以及塑料注射模标准模架的应用日益广泛。当采购这些半成品件后，再进行成形表面和相关部位的加工，对于降低模具成本、缩短模具制造周期都大有好处。这种毛坯形式应该成为模具零件毛坯的主要形式。

任务4　模具加工的工艺规划

说明：任务4的具体内容是，掌握工艺过程及其组成，掌握工艺基准与设计基准重合时工序尺寸及其公差的确定，掌握工艺基准与设计基准不重合时工序尺寸及其公差的确定。通过这一具体任务的实施，能够会计算各工序尺寸及公差。

知识点与技能点

1. 工艺过程及其组成。
2. 工艺基准与设计基准重合时工序尺寸及其公差的确定。
3. 工艺基准与设计基准不重合时工序尺寸及其公差的确定。

相关知识

一、工艺过程及其组成

生产过程中为改变生产对象的形状、尺寸、相对位置和性质等，使其成为成品或半成品的过程称为工艺过程。

1. 工序

工序是一个或一组工人在一个工作地点对同一个或同时对几个工件进行加工所连续完成的那一部分工艺过程，它是组成工艺过程的基本单元。如图 1-19 所示，模柄的机械加工工艺过程，可划分为三道工序。

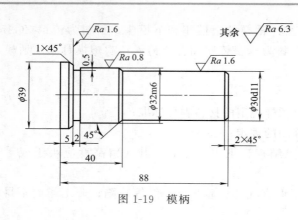

图 1-19　模柄

（1）车两端面钻中心孔；

（2）车外圆（$\phi32$ 留磨削余量）、车槽并倒角；

（3）磨削 $\phi32$ 外圆。

2. 工序尺寸

工件上的设计尺寸一般要经过几道工序的加工才能得到，每道工序所应保证的尺寸叫工序尺寸。它们是逐步向设计尺寸接近的，直到最后工序才保证设计尺寸。

3. 工步

工步是在加工表面和加工工具不变的情况下，所连续完成的那一部分工序。

（1）当工件在一次装夹后连续进行若干相同的工步时，常填写为一个工步，如图 1-20 所示。

（2）复合工步。用几把刀具或复合刀具，同时加工同一工件上的几个表面，称为复合工步。在工艺文件上，复合工步应视为一个工步。如图 1-21 所示是用钻头和车刀同时加工内孔和外圆的复合工步。图 1-22 所示是用复合中心钻钻孔、锪锥面的复合工步。

4. 工位

为了完成一定的工序部分，一次装夹工件后，

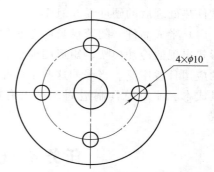

图 1-20　具有四个相同的工步

工件与夹具或设备的可动部分一起，相对于刀具或设备的固定部分所占据的每一个位置称为工位。

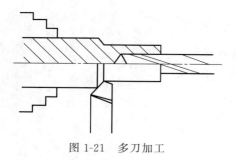

图 1-21　多刀加工

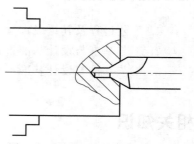

图 1-22　钻孔、锪锥面复合工步

图 1-23 所示是利用万能分度头使工件依次处于工位 Ⅰ、Ⅱ、Ⅲ、Ⅳ 来完成对凸模槽的铣削加工。

5. 入体原则

工序尺寸的公差带，一般规定在零件的入体方向，故对于被包容面（轴），基本尺寸即最大工序尺寸；对于包容面（孔），则基本尺寸是最小工序尺寸。毛坯尺寸一般按照双向对称标注。

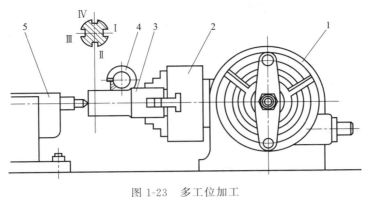

图 1-23　多工位加工

1—分度头；2—三爪自定心卡盘；3—工件；4—铣刀；5—尾座

二、工艺基准与设计基准重合时工序尺寸及其公差的确定

当工序基准、定位基准或测量基准与设计基准重合，表面多次加工时，此时需确定各道工序尺寸及公差的计算是比较容易的。其计算顺序是由最后一道工序开始向前推算，计算步骤为：

① 确定毛坯总余量和工序余量。

② 确定工序公差。最终工序尺寸公差等于设计尺寸公差，其余工序公差按经济精度确定。

③ 求工序基本尺寸。从零件图上的设计尺寸开始，一直往前推算到毛坯尺寸，某工序基本尺寸等于后道工序基本尺寸加上或减去后道工序余量。

④ 标注工序尺寸公差。最后一道工序的公差按设计尺寸标注，其余工序尺寸公差按入体原则标注。

三、工艺基准与设计基准不重合时工序尺寸及其公差的确定

当零件加工时，多次转换工艺基准，引起测量基准、定位基准或工序基准与设计基准不重合，这时，需要利用工艺尺寸链原理来进行工序尺寸及其公差的计算。

1. 工艺尺寸链的基本概念

（1）工艺尺寸链的定义和特征　在零件加工过程中，由一系列相互联系的尺寸所形成的尺寸封闭图形称为工艺尺寸链。工艺尺寸链的主要特征是封闭性和关联性。

封闭性：尺寸链中各个尺寸的排列呈封闭形式，不封闭就不成为尺寸链。

关联性：任何一个直接保证的尺寸及其精度的变化，必将影响间接保证的尺寸和其精度。

（2）尺寸链相关术语

把组成工艺尺寸链的每一个尺寸称为环。环又可分为封闭环和组成环。

封闭环：在加工过程中，间接获得、最后保证的尺寸。每个尺寸链只能有一个封闭环。

组成环：除封闭环以外的其他环，称为组成环。组成环的尺寸是直接保证的，它又影响到封闭环的尺寸。按其对封闭环的影响又可分为增环和减环。当其余组成环不变，而该环增大（或减小）使封闭环随之增大（或减小）的环，称为增环。当其余组成环不变，该环增大

（或减小）反而使封闭环减小（或增大）的环，称为减环。

（3）增环和减环的判断　首先确定封闭环，然后根据组成环对封闭环的影响情况判别增环与减环。

2. 工艺尺寸链的计算方法

（1）基本公式计算方法

封闭环的基本尺寸等于所有增环的基本尺寸之和减去所有减环的基本尺寸之和。

封闭环的最大极限尺寸等于所有增环的最大极限尺寸之和减去所有减环的最小极限尺寸之和。

封闭环的最小极限尺寸等于所有增环的最小极限尺寸之和减去所有减环的最大极限尺寸之和。

封闭环的上偏差等于所有增环的上偏差之和减去所有减环的下偏差之和。封闭环的下偏差等于所有增环的下偏差之和减去所有减环的上偏差之和。封闭环的公差等于所有组成环公差之和。

封闭环的平均尺寸等于所有增环的平均尺寸之和减去所有减环的平均尺寸之和。即封闭环的平均偏差等于所有增环的平均偏差之和减去所有减环的平均偏差之和。

（2）竖式计算法　增环上下偏差照抄，减环上下偏差对调变号，封闭环求代数和。

案例教学

实例 1

某模具零件上一孔的设计要求为 $\phi 100^{+0.035}_{0}$，毛坯为铸铁件，其加工工艺路线为：毛坯→粗镗→半精镗→精镗→浮动镗。求各工序尺寸及公差。

（1）确定加工总余量和各工序余量　通过查阅手册浮动镗余量 0.1mm，精镗余量 0.5mm，半精镗余量 2.4mm，粗镗余量 5mm，加工总余量 ＝(0.1＋0.5＋2.4＋5)mm ＝ 8mm。或先确定加工总余量 8mm，则粗镗余量 ＝(8－0.1－0.5－2.4)mm ＝ 5mm。

（2）确定工序尺寸公差　最后一次加工浮动镗的公差即为设计尺寸公差 H7，其余工序尺寸公差按经济精度查表确定，并按"入体原则"确定偏差：精镗 H9，半精镗 H11，粗镗 H13，毛坯 ±1.2mm。

（3）计算各工序尺寸　从零件图上的设计尺寸开始往前一直推到毛坯尺寸。

浮动镗的工序尺寸为设计尺寸 100mm；

精镗：100－0.1＝99.9mm；

半精镗：99.5－0.5＝99.4mm；

粗镗：99.4－2.4＝97mm；

毛坯：97－5＝92mm

实例 2

如图 1-24 所示的结构，已知各零件的尺寸 $A_0 = 0.1 \sim 0.45$mm，$A_1 = 30^{\ 0}_{-0.13}$mm，$A_2 = A_5 = 5^{\ 0}_{-0.075}$mm，$A_3 = 43^{+0.18}_{+0.02}$mm，$A_4 = 3^{\ 0}_{-0.04}$mm，设计要求间隙，试验算能否满足该要求。

解：（1）确定设计要求的间隙

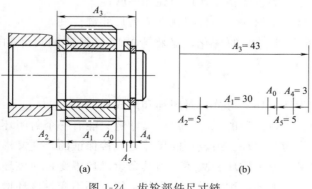

(a)　　　　　　　　(b)

图 1-24　齿轮部件尺寸链

A_0 为封闭环；寻找组成环并画尺寸线图，如图 1-24（b）所示；判断 A_3 为增环，A_1、A_2、A_4、A_5 为减环。

（2）计算封闭环的基本尺寸

$$A_0 = A_3 - (A_1 + A_2 + A_4 + A_5)$$
$$= 43\text{mm} - (30 + 5 + 3 + 5)\text{mm}$$
$$= 0\text{mm}$$

即要求封闭环的尺寸 $0^{+0.45}_{+0.10}\text{mm}$。

（3）计算封闭环的极限偏差

$$\text{ES}_0 = \text{ES}_3 - (\text{EI}_1 + \text{EI}_2 + \text{EI}_4 + \text{EI}_5)$$
$$= +0.18\text{mm} - (0.13 - 0.075 - 0.04 - 0.075)\text{mm}$$
$$= +0.50\text{mm}$$

$$\text{EI}_0 = \text{EI}_3 - (\text{ES}_1 + \text{ES}_2 + \text{ES}_4 + \text{ES}_5)$$
$$= +0.02\text{mm} - (0 + 0 + 0 + 0)\text{mm}$$
$$= +0.02\text{mm}$$

（4）计算封闭环的公差

$$T_0 = T_1 + T_2 + T_3 + T_4 + T_5$$
$$= (0.13 + 0.075 + 0.16 + 0.04 + 0.075)\text{mm}$$
$$= 0.48\text{mm}$$

实例 3

如图 1-25 所示的轴，加工顺序为：车外圆 A_1 为 $\phi 70.5^{\ 0}_{-0.1}\text{mm}$，铣键槽深为 A_2，磨外圆 A_3 为 $\phi 70^{\ 0}_{-0.06}\text{mm}$，要求磨完外圆后，保证键槽深 A_0 为 $\phi 62^{\ 0}_{-0.3}\text{mm}$，求键槽的深度 A_2。

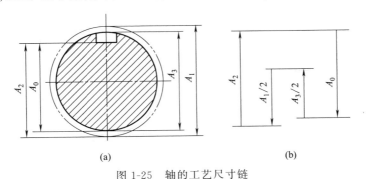

(a)   (b)

图 1-25 轴的工艺尺寸链

解：（1）A_0 是加工最后自然形成的环，所以是封闭环；尺寸链线图如图 1-25（b）所示（以外圆圆心为基准，依次画出 $A_1/2$、$A_3/2$、A_0 和 A_2）。

（2）计算 A_2 的基本尺寸和上、下偏差

$$A_2 = A_0 - \frac{A_3}{2} + \frac{A_1}{2} = \left(62 - \frac{70}{2} + \frac{70.5}{2}\right)\text{mm} = 62.25\text{mm}$$

$$\text{ES}_2 = \text{ES}_0 - \frac{\text{ES}_3}{2} + \frac{\text{EI}_1}{2} = 0\text{mm} - 0\text{mm} + (-0.05)\text{mm} = -0.05\text{mm}$$

$$\text{EI}_2 = \text{EI}_0 - \frac{\text{EI}_3}{2} + \frac{\text{ES}_1}{2} = -0.3\text{mm} - (-0.03)\text{mm} + 0\text{mm} = -0.27\text{mm}$$

（3）校核计算结果。由式可得

$$T_0 = T_2 + \frac{T_3}{2} + \frac{T_1}{2}[-0.05-(-0.27)]mm + 0.03mm + 0.05mm = 0.3mm$$

由此可知计算结果正确。

思考与练习

1. 定位粗基准如何选择？
2. 模具加工工艺过程一般分为几个阶段？
3. 工序和工步的区别是什么？

项目二　模具零件的机械加工

任务 1　模具零件的车削加工

说明： 任务 1 的具体内容是，掌握切削用量三要素定义及其选择，掌握轴类模具零件的加工步骤及方法。通过这一具体任务的实施，能够加工轴类模具零件。

知识点与技能点

1. 切削用量三要素。
2. 切削用量的选择。
3. 轴类模具加工方法。

相关知识

一、切削用量三要素

切削用量是指切削加工中切削速度、进给量和背吃刀量（切削深度）的总称。其数值的大小反映了切削运动的快慢以及刀具切入工件的深浅。如图 2-1 所示为车削加工的切削用量要素。一般常把切削速度、进给量和背吃刀量称为切削用量三要素。

1. 切削速度 v_c

刀具切削刃上选定点相对工件主运动的瞬时线速度称为切削速度，用 v_c 表示，单位为 m/s 或 m/min。当主运动是旋转运动时，切削速度计算公式为：

$$v_c = \frac{\pi d n}{1000} \ (\text{m/s}) \ \text{或} \ (\text{m/min})$$

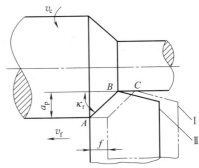

图 2-1　切削用量要素

式中　d——工件加工表面或刀具选定点的旋转直径，mm；

　　　n——主运动的转速，r/s 或 r/min。

在当前生产中，磨削单位用米/秒（m/s），其他加工的切削单位习惯用米/分（m/min）。即使转速一定，而切削刃上各点由于工件直径不相同，切削速度也就不同。考虑到切削速度对刀具磨损和已加工质量有影响，在计算时，应取最大的切削速度。如外圆车削时计算待加工表面上的速度，内孔车削时计算已加工表面上的速度，钻削时计算钻头外径处的速度。

2. 进给量 f

工件或刀具每转一周，刀具在进给方向上相对工件的位移量，称为每转进给量，简称进给量，用 f 表示，单位为 mm/r。单位时间内刀具在进给运动方向上相对工件的位移量，称为进给速度，用 v_f 表示，单位为 mm/s 或 m/min。

3. 背吃刀量（切削深度）a_p

工件已加工表面和待加工表面之间的垂直距离，称为背吃刀量，用 a_p 表示，单位为 mm。车外圆时背吃刀量 a_p 为：

$$a_p = \frac{d_w - d_m}{2}$$

式中 d_m——已加工表面直径，mm。

$\quad\quad d_w$——待加工表面直径，mm。

二、切削用量的选择

切削加工中，切削速度（v_c）、进给量（f）和切削深度（a_p）这三个参数是相互关联的。加工时可参照表 2-1～表 2-4 选择。

表 2-1 外圆车削背吃刀量选择（端面切深减半）　　　　　　　　　mm

轴 径	长　　度										
	≤100		>100~250		>250~500		>500~800		>800~1200		>1200~2000	
	半精	精车	半精	精车	半精	精车	半精	精车	半精	精车	半精	精车
≤10	0.8	0.2	0.9	0.2	1	0.3	—	—	—	—	—	—
>10~18	0.9	0.2	0.9	0.3	1	0.3	1.1	0.3	—	—	—	—
>18~30	1	0.3	1	0.3	1.1	0.3	1.3	0.4	1.4	0.4	—	—
>30~50	1.1	0.3	1	0.3	1.1	0.4	1.3	0.5	1.5	0.6	1.7	0.6
>50~80	1.1	0.3	1.1	0.4	1.2	0.4	1.4	0.5	1.6	0.6	1.8	0.7
>80~120	1.1	0.4	1.2	0.4	1.2	0.5	1.4	0.5	1.6	0.6	1.9	0.7
>120~180	1.2	0.5	1.2	0.5	1.3	0.5	1.5	0.6	1.7	0.7	2	0.8
>180~260	1.3	0.5	1.3	0.5	1.4	0.6	1.6	0.6	1.8	0.8	2	0.9
>260~360	1.3	0.6	1.4	0.6	1.5	0.7	1.7	0.7	1.9	0.8	2.1	0.9
>360~500	1.4	0.7	1.5	0.7	1.5	0.8	1.7	0.8	1.9	0.9	2.2	1

注：1. 粗加工，表面粗糙度为 $Ra50～12.5\mu m$ 时，一次走刀应尽可能切除全部余量。

2. 粗车背吃刀量的最大值是受车床功率的大小决定的。中等功率机床可以达到 8～10mm。

表 2-2 高速钢及硬质合金车刀车削外圆及端面的粗车进给量

工件材料	车刀刀杆尺寸/mm	工件直径/mm	切深/mm				
			≤3	3~5	5~8	8~12	>12
			进给量 f/(mm/r)				
碳素结构钢、合金结构钢、耐热钢	16×25	20	0.3~0.4	—	—	—	—
		40	0.4~0.5	0.3~0.4	—	—	—
		60	0.5~0.7	0.4~0.6	0.3~0.5	—	—
		100	0.6~0.9	0.5~0.7	0.5~0.6	0.4~0.5	—
		400	0.8~1.2	0.7~1	0.6~0.8	0.5~0.6	—
	20×30 25×25	20	0.3~0.4	—	—	—	—
		40	0.4~0.5	0.3~0.4	—	—	—
		60	0.6~0.7	0.5~0.7	0.4~0.6	—	—
		100	0.8~1	0.7~0.9	0.5~0.7	0.4~0.7	—
		400	1.2~1.4	1~1.2	0.8~1	0.6~0.9	0.4~0.6
铸铁及铜合金	16×25	40	0.4~0.5	—	—	—	—
		60	0.6~0.8	0.5~0.8	0.4~0.6	—	—
		100	0.8~1.2	0.7~1	0.6~0.8	0.5~0.7	—
		400	1~1.4	1~1.2	0.8~1	0.6~0.8	—

续表

工件材料	车刀刀杆尺寸/mm	工件直径/mm	切　深/mm				
			≤3	3～5	5～8	8～12	>12
			进给量 f/(mm/r)				
铸铁及铜合金	20×30 25×25	40	0.4～0.5	—	—	—	—
		60	0.6～0.9	0.5～0.8	0.4～0.7	—	—
		100	0.9～1.3	0.8～1.2	0.7～1	0.5～0.8	—
		400	1.2～1.8	1.2～1.6	1～1.3	0.9～1.1	0.7～0.9

注：1. 断续切削、有冲击载荷时，乘以修正系数 $k=0.75～0.85$。

2. 加工耐热钢及其合金时，进给量应不大于1mm/r。

3. 无外皮时，表内进给量应乘以系数 $k=1.1$。

4. 加工淬硬钢时，进给量应减小。硬度为45～56HRC时，乘以修正系数 $k=0.8$；硬度为57～62HRC，乘以修正系数 $k=0.5$。

表 2-3　按表面粗糙度选择进给量的参考值

工件材料	粗糙度等级 (Ra)/μm	切削速度/(m/min)	刀尖圆弧半径/mm		
			0.5	1	2
			进给量 f/(mm/r)		
碳钢及合金碳钢	10～5	≤50	0.3～0.5	0.45～0.6	0.55～0.7
		>50	0.4～0.55	0.55～0.65	0.65～0.7
	5～2.5	≤50	0.18～0.25	0.25～0.3	0.3～0.4
		>50	0.25～0.3	0.3～0.35	0.35～0.5
	2.5～1.25	≤50	0.1	0.11～0.15	0.15～0.22
		50～100	0.11～0.16	0.16～0.25	0.25～0.35
		>100	0.16～0.2	0.2～0.25	0.25～0.35
铸铁及铜合金	10～5	不限	0.25～0.4	0.4～0.5	0.5～0.6
	5～2.5		0.15～0.25	0.25～0.4	0.4～0.6
	2.5～1.25		0.1～0.15	0.15～0.25	0.2～0.35

注：适用于半精车和精车的进给量的选择。

表 2-4　车削切削速度参考数值

加工材料		硬度	背吃刀量 a_p/mm	高速钢刀具		硬质合金刀具						陶瓷(超硬材料)刀具		说明
						未涂层				涂层				
				v/(m/min)	f/(mm/r)	v/(m/min)		f/(mm/r)	材料	v/(m/min)	f/(mm/r)	v/(m/min)	f/(mm/r)	
						焊接式	可转位							
低碳易切碳钢	低碳	100～200	1	55～90	0.18～0.2	185～240	220～275	0.18	YT15	320～410	0.18	550～700	0.13	切削条件好，可用冷压Al_2O_3陶瓷；较差时宜用Al_2O_3+TiC热压混合陶瓷
			4	41～70	0.4	135～185	160～215	0.5	YT14	215～275	0.4	425～580	0.25	
			8	34～55	0.5	110～145	130～170	0.75	YT5	170～220	0.5	335～490	0.4	
	中碳	175～225	1	52	0.2	165	200	0.18	YT15	305	0.18	520	0.13	
			4	40	0.4	125	150	0.5	YT14	200	0.4	395	0.25	
			8	30	0.5	100	120	0.75	YT5	160	0.5	305	0.4	
碳钢	低碳	100～200	1	43～46	0.18	140～150	170～195	0.18	YT15	260～290	0.18	520～580	0.13	
			4	34～33	0.4	115～125	135～150	0.5	YT14	170～190	0.4	365～425	0.25	
			8	27～30	0.5	88～100	105～120	0.75	YT5	135～150	0.5	275～365	0.4	
	中碳	175～225	1	34～40	0.18	115～130	150～160	0.18	YT15	220～240	0.18	460～520	0.13	
			4	23～30	0.4	90～100	115～125	0.5	YT14	145～160	0.4	290～350	0.25	
			8	20～26	0.5	70～78	90～100	0.75	YT5	115～125	0.5	200～260	0.4	
	高碳	175～225	1	30～37	0.18	115～130	140～155	0.18	YT15	215～230	0.18	460～520	0.13	
			4	24～27	0.4	88～95	105～120	0.5	YT14	145～150	0.4	275～335	0.25	
			8	18～21	0.5	69～76	84～95	0.75	YT5	115～120	0.5	185～245	0.4	

加工材料		硬度	背吃刀量 a_p /mm	高速钢刀具 v/(m/min)	高速钢刀具 f/(mm/r)	硬质合金刀具 未涂层 v/(m/min) 焊接式	未涂层 v/(m/min) 可转位	未涂层 f/(mm/r)	材料	涂层 v/(m/min)	涂层 f/(mm/r)	陶瓷(超硬材料)刀具 v/(m/min)	陶瓷 f/(mm/r)	说明
合金钢	低碳	125~225	1	41~46	0.18	135~150	170~185	0.18	YT15	220~235	0.18	520~580	0.13	切削条件好,可用冷压 Al₂O₃ 陶瓷;较差时宜用 Al₂O₃ + TiC 热压混合陶瓷
			4	32~37	0.4	105~120	135~145	0.5	YT14	175~190	0.4	365~395	0.25	
			8	24~27	0.5	84~95	105~115	0.75	YT5	135~145	0.5	275~335	0.4	
	中碳	175~225	1	34~41	0.18	105~115	130~150	0.18	YT15	175~200	0.18	460~520	0.13	
			4	26~32	0.4	85~90	105~120	0.4~0.5	YT14	135~160	0.4	280~360	0.25	
			8	20~24	0.5	67~73	82~95	0.5~0.75	YT5	105~120	0.5	220~265	0.4	
	高碳	175~225	1	30~37	0.18	105~115	135~145	0.18	YT15	175~190	0.18	460~520	0.13	
			4	24~27	0.4	84~90	105~115	0.5	YT14	135~150	0.4	275~335	0.25	
			8	17~21	0.5	66~72	82~90	0.75	YT5	105~120	0.5	215~245	0.4	
高强度钢		225~350	1	20~26	0.18	90~105	115~135	0.18	YT15	150~185	0.18	380~440	0.13	>300HBS 时宜用 W12Cr4V5Co5 及 W2Mo9Cr4V-Co8
			4	15~20	0.4	69~84	90~105	0.4	YT14	120~135	0.4	205~265	0.25	
			8	12~15	0.5	53~66	69~84	0.5	YT5	90~105	0.5	145~205	0.4	
高速钢		200~225	1	15~24	0.13~0.18	76~105	85~125	0.18	YW1, YT15	115~160	0.18	420~460	0.13	加工 W12Cr4V5Co5 等高速钢时宜用 W12Cr4V-5Co5 及 W2Mo9Cr4VCo8
			4	12~20	0.25~0.4	60~84	69~100	0.4	YW2, YT14	90~130	0.4	250~275	0.25	
			8	9~15	0.4~0.5	46~64	53~76	0.5	YW3, YT5	69~100	0.5	190~215	0.4	
不锈钢	奥氏体	135~275	1	18~34	0.18	58~105	67~120	0.18	YG3X, YW1	84~60	0.18	275~425	0.13	>225HBS 时宜用 W12Cr4V5Co5 及 W2Mo9Cr4V-Co8
			4	15~27	0.4	49~100	58~105	0.4	YG6, YW1	76~135	0.4	150~275	0.25	
			8	12~21	0.5	38~76	46~84	0.5	YG6, YW1	60~105	0.5	90~185	0.4	
	马氏体	175~325	1	20~44	0.18	87~140	95~175	0.18	YW1, YT15	120~260	0.18	350~490	0.13	>275HBS 时宜用 W12Cr4V5Co5 及 W2Mo9Cr4V-Co8
			4	15~35	0.4	69~15	75~135	0.4	YW1, YT15	100~170	0.4	185~335	0.25	
			8	12~27	0.5	55~90	58~105	0.5~0.75	YW2, YT14	76~135	0.5	120~245	0.4	
灰铸铁		160~260	1	26~43	0.18	84~135	100~165	0.18~0.25	YG8, YW2	130~190	0.18	395~550	0.13~0.25	>190HBS 时宜用 W12Cr4V5Co5 及 W2Mo9Cr4V-VCo8
			4	17~27	0.4	69~110	81~125	0.4~0.5		105~160	0.4	245~365	0.25~0.4	
			8	14~23	0.5	60~90	66~100	0.5~0.75		84~130	0.5	185~275	0.4~0.5	
可锻铸铁		160~240	1	30~40	0.18	120~160	135~185	0.25	YW1, YT15	185~235	0.25	305~365	0.13~0.25	—
			4	23~30	0.4	90~120	105~135	0.5	YW1, YT15	135~185	0.4	230~290	0.25~0.4	
			8	18~24	0.5	76~100	85~115	0.75	YW2, YT14	105~145	0.5	150~230	0.4~0.5	

加工材料	硬度	背吃刀量 a_p/mm	高速钢刀具 v/(m/min)	高速钢刀具 f/(mm/r)	硬质合金刀具 未涂层 v/(m/min) 焊接式	硬质合金刀具 未涂层 v/(m/min) 可转位	硬质合金刀具 未涂层 f/(mm/r)	硬质合金刀具 未涂层 材料	硬质合金刀具 涂层 v/(m/min)	硬质合金刀具 涂层 f/(mm/r)	陶瓷(超硬材料)刀具 v/(m/min)	陶瓷(超硬材料)刀具 f/(mm/r)	说明
铝合金	30～150	1	245～305	0.18	550～610		0.25	YG3X, YW1	—	—	365～915	0.075～0.15	金刚石刀具 a_p=0.13～0.4
		4	215～275	0.4	425～550	max	0.5	YG6, YW1	—	—	245～760	0.15～0.3	a_p=0.4～1.25
		8	185～245	0.5	305～365		1	YG6, YW1	—	—	150～460	0.3～0.5	a_p=1.25～3.2
铜合金		1	40～175	0.18	84～345	90～395	0.18	YG3X, YW1	—	—	305～1460	0.075～0.15	金刚石刀具 a_p=0.13～0.4
		4	34～145	0.4	69～290	76～335	0.5	YG6, YW1	—	—	150～855	0.15～0.3	a_p=0.4～1.25
		8	27～120	0.5	64～270	70～305	0.75	YG8, YW2	—	—	90～550	0.3～0.5	a_p=1.25～3.2
钛合金	300～350	1	12～24	0.13	38～66	49～76	0.13	YG3X, YW1	—	—			高速钢采用 W12Cr4V5Co5 及 W2Mo9Cr4VCo8
		4	9～21	0.25	32～56	41～66	0.2	YG6, YW1	—	—			
		8	8～18	0.4	24～43	26～49	0.25	YG8, YW2	—	—			
高温合金	200～475	0.8	3.6～14	0.13	12～49	14～58	0.13	YG3X, YW1	—	—	185	0.075	立方氮化硼刀具
		2.5	3～11	0.18	9～41	12～49	0.18	YG6, YW1	—	—	135	0.13	

案例教学

实例1：模柄的加工

模柄加工工艺过程及工序过程实施见表2-5。

表2-5　模柄车工工序卡片

天津电子信息	模柄车工工序卡片	产品型号		零部件图号	MJ01-10	共1页
		产品名称	冲裁模具	零部件名称		第1页
		工序号		工序名称		
		2		车工		
		车间	工段		材料牌号	
		金工	车工		45	
		毛坯种类	毛坯外形尺寸		每坯件数	每台件数
		棒料	45×300		1	1
		设备名称	设备型号		设备编号	同时加工件数
		车床	CA1640		001	1
		夹具编号	夹具名称		切削液	
			三爪卡盘		乳化液	
					工时定额	
					准终	单件

27

续表

工步号		工步内容	工艺装备	主轴转数 /(r/min)	切削速度 /(m/min)	进给速度 /(mm/r)	背吃刀量 /mm	进给次数	工时定额
描图									
xx	1	车端面见光、见平	三爪卡盘	600	90	0.2	0.5		
描校	2	粗车外圆,φ40到尺寸		600	90	0.2	2.5		
xx	3	半精车 φ35 留余量 0.5mm,其余到尺寸		600	90	0.16	2.25		
底图号	4	倒角两处 2.5×45°				手动			
	5	切槽				手动			
	6	精车 φ35 尺寸至要求		600	90	0.11	0.25		
装订号	7	切断,保证台肩 3×1.5				手动			
	8	车台肩端面,保证 3+0.1		600	90	0.2	1.0		
					编 制（日期）		审 核（日期）		会 签（日期）
	标记	处数	更改文件号	签字	日期	xxx		xxx	xxx

具体步骤如下。

1. 选择刀具与装卡

根据加工内容，选择刀具类型为：

90°外圆刀　　　　　　　1 把

45°弯头外圆刀　　　　　2 把

4mm 宽切断刀　　　　　 1 把

按要求将选好的刀具正确地安装到刀架上。

2. 工件的装夹及找正

工件的装夹采用三爪自定心卡盘装夹。三爪自定心卡盘结构如图 2-2 所示。三爪自定心卡盘有三个两两成 120°角的卡爪，三个卡爪始终同时动作，用扳手转动卡盘三个小方孔的任意一个，就能带动三个卡爪同时张开或靠拢。由于定位和夹紧同时完成，因此，三爪自定心卡盘使用方便，一般适合于装夹圆钢、六方钢和经粗加工后的外圆表面。

（1）毛坯的装卡　模柄加工选用的毛坯为直径 45mm 的长棒料，目的是采用三爪卡盘装卡。棒料外伸 105mm 长，一次装卡加工完成模柄外圆车削。如图 2-3 所示。

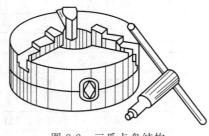

图 2-2　三爪卡盘结构

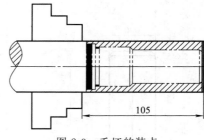

105

图 2-3　毛坯的装卡

（2）毛坯的找正　粗加工夹持毛坯时，常使用目测法或划针校正毛坯表面，步骤如下：

① 将毛坯夹紧。

② 将划线盘放在适当位置，使用划针尖端接触工件悬伸端处的圆柱表面，如图 2-4 所示。

③ 将主轴变速箱手柄置于空挡，用手轻轻拨动卡盘使之缓慢转动，观察划针与工件表面接触情况，如果发现误差，可以轻轻敲击工件悬伸端，直到全圆周上划针与工件表面的间隙均匀一致。

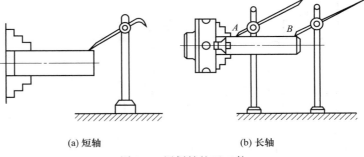

(a) 短轴　　　　　　(b) 长轴

图 2-4　用划针校正工件

④ 夹紧工件。

3. 模柄车削加工

（1）端面车削　对工件的端面进行车削的方法叫车端面。使用 45°弯刀车端面，采用自外向中心走刀，如图 2-5 所示。车削时用中拖板横向走刀，加工余量由目测而定，端面见光，见平。

（2）车外圆

① 粗车外圆　将工件车削成圆柱形外表面的方法称为车外圆，几种车外圆的情况如图 2-6 所示。模柄加工时采用图 2-6（c）所示的车削形式，用 90°偏刀加工。粗车模柄外圆，$\phi40$ 台肩到尺寸。

② 车台阶　车削台阶的方法与车削外圆基本相同，如图 2-7 所示。但在车削时应兼顾外圆直径和台阶长度两个方向的尺寸要求，还必须保证台阶平面与工件轴线的垂直度要求。

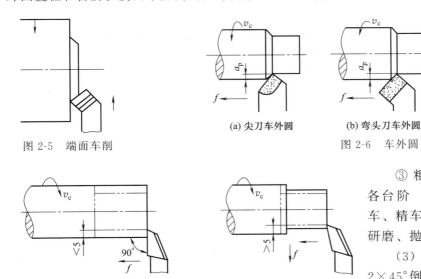

图 2-5　端面车削

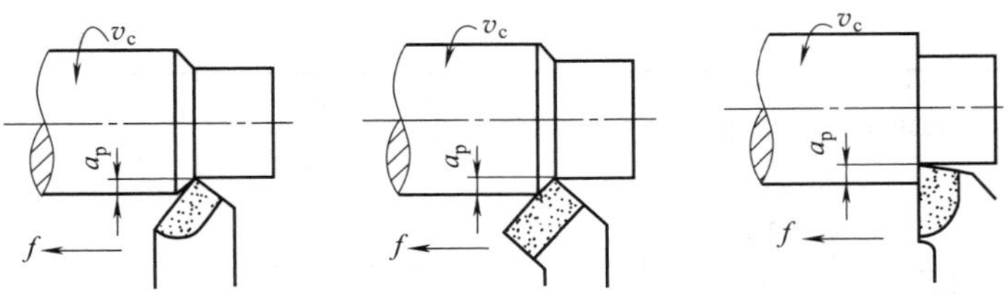

(a) 尖刀车外圆　　(b) 弯头刀车外圆　　(c) 偏刀车外圆

图 2-6　车外圆

(a) 一次走刀　　　　(b) 多次走刀

图 2-7　车台阶

③ 粗车、半精车、精车模柄各台阶　用试切法粗车、半精车、精车模柄各台阶，$\phi35$ 尺寸研磨、抛光，各部到尺寸。

（3）倒角的加工　模柄两处 2×45°倒角无严格的精度要求。加工时选用 45°弯头车刀，加工方式如图 2-8 所示。加工右端面倒角采用径向进给，移动中托板，读取手柄刻度 100 格（2.0mm）。加工 $\phi35$ 台肩处倒角，采用轴向进给移动小托板进给 2.0mm。

（4）切槽与切断加工　模柄的切槽，选用 4mm 宽的切断刀，采用直进法，移动中托板一次加工出退刀槽，模柄的切断采用左右借刀法，$\phi40$ 台肩轴向留 1mm 余量切断，如图2-9

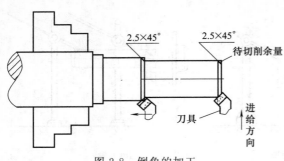

图 2-8 倒角的加工

车工工序卡片见表 2-6。

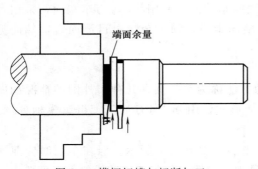

图 2-9 模柄切槽与切断加工

所示。

（5）模柄调头车断面 切断后工件调头装卡，夹持 $\phi 35^{+0.05}_{+0.03}$ 部位，在工件与卡爪之间加垫铜皮进行保护，如图 2-10 所示。采用 45°弯头车刀加工。台肩高度留 0.2mm 余量用于装配后磨平。

实例 2：冲孔凸模的加工

冲孔凸模的加工工艺过程及工序过程，实施冲孔凸模的车削加工。冲孔凸模

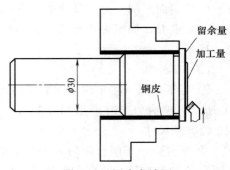

图 2-10 调头车端面

表 2-6 冲孔凸模车工工序卡片

天津电子信息	冲孔凸模车工工序卡片	产品型号		零部件图号	MJ01-03	共 1 页
		产品名称	冲裁模	零部件名称	冲孔凸模	第 1 页
		工序号		工序名称		
		2		车工		
		车 间	工 段	材料牌号		
		金工	车	Cr12MoV		
		毛坯种类	毛坯外形尺寸	每坯件数		每台件数
		棒料	16×170	2		2
		设备名称	设备型号	设备编号		同时加工件数
		车床	CA6132			2
		夹具编号	夹具名称		切 削 液	
			三爪卡盘		乳化液	
					工 时 定 额	
					准终	单件

续表

工步号		工步内容	工艺装备	主轴转数 /(r/min)	切削速度 /(m/min)	进给速度 /(mm/r)	背吃刀量 /mm	进给次数	工时 定额
描图									
	1	车端面	三爪	1000	45	0.3			
描校	2	车工艺反顶尖		1000	45	手动	0.4		
底图号	3	车外圆,按工序图加工到尺寸		1000		0.3	0.5		
	4	切工艺槽 $\phi 5 \times 4$ 宽				0.4			
	5	切断,按工艺结构				0.4			
装订号	6	调头,车端面参考 15 尺寸				0.3			
	7	钻 1.6A 型中心孔	中心钻			手动			
				编　制 (日期)		审　核 (日期)		会　签 (日期)	
				×××		×××			
	标记	处数	更改文件号	签字	日期				

加工步骤如下。

1. 选择刀具与装卡

根据加工内容,选择刀具类型为:

95°外圆刀　　　　　　　　1 把　　　　　　4mm 宽切断刀　　　　　　1 把
45°弯头外圆刀　　　　　　1 把　　　　　　1.6A 型中心钻　　　　　　1 把

按要求将选好的刀具正确地安装到刀架上。

2. 工件的装夹及找正

三爪卡盘装卡,毛坯外伸 15mm 左右即可。工件找正采用目测找正。工件夹紧后,将主轴置于空挡位置,手动扳动卡盘目测工件的摆动情况,若摆动较大,松开卡盘将工件转动一个位置再夹紧目测找正。空载启动主轴 400~500 转,观察工件端面跳动情况,无明显跳动即可。

3. 凸模的车削加工

(1) 车端面与工艺反顶尖

① 端面车削及工艺反顶尖去余量

a. 使用 95°偏刀车端面,采用自外向中心走刀,如图 2-11 所示。车削时用中拖板横向走刀,加工余量由目测而定,端面见光,见平。

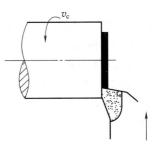

图 2-11　车端面

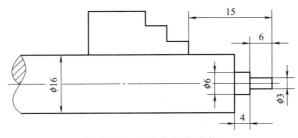

图 2-12　反顶尖工艺形状

b. 车端面后，按外圆车削方法车工件右端成图 2-12 所示形状，为车削反顶尖做工艺准备。

② 车削反顶尖　反顶尖是车削加工用于装卡的工艺形状，是 60°的短圆锥。短圆锥面的车削方法如下。

圆锥面的车削方法主要是转动小拖板，小拖板旋转的角度应是圆锥的母线与工件中心线所夹角度，即锥顶角的一半（α/2），如图 2-13 所示。这种方法适于车削锥度大而短的面。

反顶尖车削是把小拖板逆时针转动 30°，如图 2-14 所示，使车刀的运动轨迹与所要加工的圆锥素线平行。转动小拖板法车削圆锥操作简单，适用范围广，可车削各种角度的内外圆锥。但一般只能用双手交替转动小滑板进给车削圆锥，零件表面粗糙度较难控制。

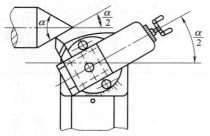

图 2-13　转动小拖板车外锥面

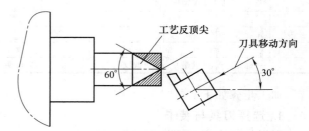

图 2-14　反顶尖加工

（2）半精车外圆　使用 95°偏刀车外圆。将小拖板顺时针方向调正。

① 工件装卡方式　冲孔凸模属于阶梯细长轴，工艺刚性较差，在切削径向力的作用下易产生挠曲变形。为减小挠曲变形，采用了如下的工艺措施。

a. 选用了 95°偏刀，可改变主切削刃上的径向力方向，产生离心径向力与刀尖的向心径向力抵消。如图 2-15 所示。

b. 工件装卡采用一夹一顶的装卡方式，可提高工件加工刚性，如图 2-16 所示。即在车床尾座套筒中装入内锥孔顶尖，内锥孔顶尖结构如图 2-17（a）所示。图 2-17（b）、（c）为车床常用顶尖。内锥孔顶尖顶住凸模反顶尖起到支撑作用，改变工件的加工受力状态。

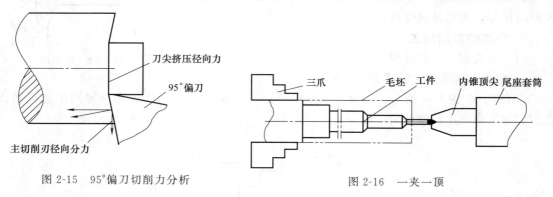

图 2-15　95°偏刀切削力分析

图 2-16　一夹一顶

② 车削加工　按工序卡规定的加工要素调正好车床主轴转数，进给速度。采用试切法对刀，控制背吃刀深度。

半精车一次走刀加工完成 ϕ13 外圆，控制轴向长度 90mm。

粗车、半精车 ϕ8.3 外圆，控制轴向长度 60mm。

半精车 ϕ5 外圆，分两次走刀，控制轴向长度 27mm。

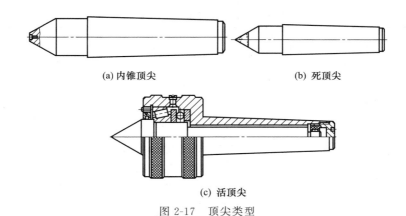

(a) 内锥顶尖   (b) 死顶尖

(c) 活顶尖

图 2-17 顶尖类型

半精车 $\phi 2.2$ 外圆，分两次走刀，控制轴向长度 14mm。

③ 车倒角　选用 45°弯头刀，采用轴向进刀加工。

④ 切槽与切断加工　选用刀宽 4mm 切断刀，采用直进法切槽和切断。切槽时 $\phi 13 \times 5$ 台肩轴向留 0.2mm 余量，为装配后配磨平留余量。切断控制总长 85mm。

（3）调头车端面、钻中心孔

① 调头装卡，夹持 $\phi 13$ 外圆表面。选用 45°弯头刀车端面。

② 手动钻中心孔。

实例 3：卸料螺钉的加工

车削模具中的卸料螺钉零件，如图 2-18 所示。卸料螺钉车工工序卡片见表 2-7。

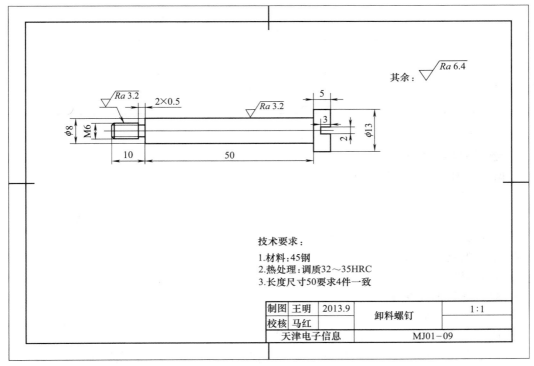

技术要求：
1. 材料：45钢
2. 热处理：调质32～35HRC
3. 长度尺寸50要求4件一致

制图	王明	2013.9	卸料螺钉	1:1
校核	马红			
天津电子信息			MJ01-09	

图 2-18 卸料螺钉

33

表 2-7　卸料螺钉车工工序卡片

天津电子信息	卸料螺钉车工工序卡片	产品型号		零部件图号	MJ01-09	共 1 页
		产品名称	冲裁模	零部件名称	卸料螺钉	第 1 页

工序号		工序名称		
		车工		
车　间	工　段		材料牌号	
金工	车		45	
毛坯种类	毛坯外形尺寸	每坯件数	每台件数	
棒料	16×300	4	4	
设备名称	设备型号	设备编号	同时加工件数	
车床	CA6132		4	
夹具编号		夹具名称	切削液	
		三爪卡盘	乳化液	
			工时定额	
		准终	单件	

工步号		工步内容	工艺装备	主轴转数 /(r/min)	切削速度 /(m/min)	进给速度 /(mm/r)	背吃刀量 /mm	进给次数	工时定额
描图	1	车端面	三爪	1000	45	0.3			
描校	2	钻 1.6A 型中心孔				手动	0.4		
底图号	3	车外圆,按工序图加工到尺寸		1000		0.3	0.5		
	4	切工艺槽 2×0.5				0.4			
装订号	5	车螺纹		200		1.0		4	
	6	切断		600		0.3			
	7	调头车端面							

					编　制 (日期)	审　核 (日期)	会　签 (日期)
					×××	×××	
标记	处数	更改文件号	签字	日期			

加工步骤：

1. 选择刀具与装卡

根据加工内容，选择刀具类型为：

95°外圆刀　　　　　　1 把　　　　　　　　1.0A 型中心钻　　　1 把

2mm 宽切断刀　　　　1 把　　　　　　　　60°外螺纹刀　　　　1 把

按要求将选好的刀具正确地安装到刀架上。

2. 工件的装夹及找正

三爪卡盘装卡，毛坯外伸 15mm 左右即可。工件找正采用目测找正。

3. 卸料螺钉的车削加工

（1）车端面、钻中心孔

① 使用 95°偏刀车端面，采用自外向中心走刀。

② 钻中心孔，将已装好中心钻的尾座锁紧在合适的位置，手摇尾座手轮移动套筒进行轴向进给，进给要慢，均匀平稳。

（2）车外圆

① 工件装卡　卸料螺钉与冲孔凸模一样，均属于细长轴加工，因此，采用的工艺措施也与凸模相同。即"一夹一顶"的装卡方式，如图 2-19 所示。

图 2-19　"一夹一顶"的装卡方式

在车端面、钻中心孔加工完成后，松开三爪，将坯料拉出 80mm 左右，轻轻夹紧。将顶尖装入尾座套筒内，移动尾座使顶尖顶住工件中心孔。再夹紧工件，锁住尾座，顶尖顶紧工件。锁住套筒。

② 外圆车削加工　按工序卡规定的加工要素调正好车床主轴转数、进给速度。采用试切法对刀，控制背吃刀深度。

半精车一次走刀加工完成 $\phi13$ 外圆，控制轴向长度 70mm。

粗车、半精车 $\phi8$ 外圆，控制轴向长度 60mm。

半精车 M6 螺纹大径外圆到尺寸 $\phi5.9$，两次走刀，控制轴向长度 10mm。

③ 切槽　选用刀宽 2mm 切断刀，采用直进法切槽加工 $2×0.5$ 处。

④ 车螺纹　使用 60° 外螺纹刀，选择主轴转数 200 转，进给速度为每转 1mm（螺距）。

螺纹切削参数的计算：

螺纹大径（外径）$D_大$＝螺纹公称直径－0.1P　（P 为螺纹螺距）

螺纹小径（牙根直径）$D_小$＝螺纹公称直径－1.3P

牙型高度总的吃刀量，可用下面的公式计算：

$$a_p＝(D_大－D_小)/2＝0.6P$$

式中　a_p——总的吃刀深度，mm；

　　　　P——螺纹的螺距，mm。

⑤ 切断　使用 2mm 宽切断刀，采用直进法切断，$\phi13×5$ 台肩留 0.5mm 余量。

⑥ 调头车端面　将切下的螺钉调头装卡，夹持 $\phi8$ 光杆处车端面。

任务 2　模具零件的铣削加工

说明：任务 2 的具体内容是，掌握铣削用量及其组成，掌握顺铣和逆铣各自的特点及应用场合。通过这一具体任务的实施，能够进行板类模具的铣削。

知识点与技能点

1. 铣削用量及其选择。
2. 顺铣和逆铣的区别。
3. 板类模具的铣削。

相关知识

一、铣削的基本知识

铣削加工就是利用铣刀在铣床上切去金属毛坯余量，获得一定的尺寸精度、表面形状和位置精度、表面粗糙度要求的零件的加工。因此，必须了解铣削运动和铣削力，掌握铣削要素的概念，合理使用铣削用量和铣削方式，熟练运用相关的工艺知识。

1. 铣削的基本运动

切削时，工件与刀具的相对运动按其所起的作用可分为：

（1）主运动　把切屑切下来所具有的基本运动，是切削运动中速度最高、消耗机床动力最多的运动，这种运动称为主运动。在铣床上铣刀的旋转运动就是主运动，铣刀是由铣床主轴带动的，是以主轴每分钟的转速来表示的。

（2）进给运动　使工件上新的金属层继续投入切削的运动叫做进给运动（如铣床工作台的运动就是进给运动），用工作台每分钟的移动量来表示。

（3）辅助运动　除主运动和进给运动以外的所有运动都是辅助运动。如在铣床上刀具的退回，对刀的调整等都是辅助运动。

2. 铣削用量

在铣削过程中所选用的切削用量称为铣削用量。铣削用量包括铣削宽度 a_e、铣削深度 a_p、铣削速度 v 和进给量 f。如图 2-20 所示，铣削用量的选择，对提高生产效率、改善工件表面粗糙度和加工精度都有密切的关系。

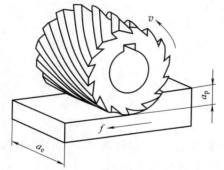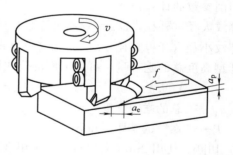

图 2-20　铣削用量

（1）铣削宽度　铣刀在一次进给中所切削工件表层的宽度叫铣削宽度，用符号 a_e 表示，单位为毫米；对不太宽的表面，铣削宽度一般就是工件加工面的宽度。

（2）铣削深度　铣刀在一次进给中所切掉工件表层的厚度叫铣削深度，也就是指工件的已加工表面和待加工表面的垂直距离，用 a_p 表示，单位为毫米。铣削深度大小是根据加工余量、铣床功率和对工件加工面的粗糙度要求等来确定的。如在加工余量不太多时，铣削深度往往就等于加工余量。

（3）铣削速度　主运动的线速度叫做铣削速度，也就是铣刀刀刃上离中心最远的一点，在 1min 内所转过的长度，用符号 v 表示，单位米/分。根据定义铣刀的转速越高直径越大，铣削速度 v 就越大。在实际工作中一般是根据铣刀需要每分钟转数来调整铣床的主轴转速，对不同直径的铣刀，其转速虽相同，但线速度是不同的；而在切削时影响铣刀使用时间长度的因素中，考虑的主要因素是铣削速度而不是转速。因此应该先选择好合适的铣削速度，再根据铣削速度来计算转速，它们的相互关系是：

$$V = \frac{\pi D n}{1000} \ (\text{mm/min}) \quad n = \frac{1000v}{\pi D} \ (\text{r/min})$$

式中　D——铣刀直径，mm；

　　　n——铣刀转速，r/min。

（4）进给量　在铣削过程中，工件相对铣刀的进给速度称为进给量，表示进给量的方法如下。

① 每齿进给量（$S_\text{齿}$）：就是在铣刀转过一个刀齿（即后一个刀齿转到前一个刀齿的位置）的时间内，工件沿着进给方向所移动的距离，单位：毫米/齿。

② 每转进给量（$S_\text{转}$）：就是在铣刀转过一整转的时间内，工件沿进给方向所移动的距离，单位为 mm/r。若铣刀的齿数是 Z，则每转进给量与每齿进给量的关系是：$S_\text{转} = S_\text{齿} Z$（mm/r）。

③ 每分钟进给量（S）：就是在 1min 的时间内，工件沿进给方向所移动的距离。用符号 S 表示，单位为（mm/min）。

若铣刀每分钟的转速是 n，则每分钟进给量与每转进给量之间的关系是：

$S = S_\text{转} n$（mm/min）　　$S = S_\text{齿} Z n$（mm/min）

在实际工作中，按每分钟进给量来调整机床进给量的大小。

（5）铣削用量的选择

选择铣削用量是在保证铣削加工质量和工艺系统刚性所允许的前提下进行的，首先选用较大的铣削宽度和铣削层深度，再选用较大的每齿进给量，最后确定铣削速度。

① 铣削层深度 a_p 和铣削层宽度 a_e 的选择　铣削层深度 a_p 主要根据工件的加工余量和表面的加工精度来确定，当加工余量不大时，应尽量一次进给铣去全部加工余量，只有当工件的加工精度要求较高或加工表面精度小于 $Ra6.3\mu m$ 时才分粗精铣两次进给。在铣削过程中，铣削层宽度一般可根据加工面宽度决定，尽量一次铣出。

② 每齿进给量 $S_\text{齿}$ 的选择　粗铣时，限制进给量提高的主要因素是切削力。进给量主要根据铣床进给机构的强度、刀轴尺寸、刀齿强度以及机床、夹具等工艺系统的刚性来确定。在强度、刚性许可的条件下，进给量应尽量取得大些。精铣时，限制进给量提高的主要因素是表面粗糙度。为了减小工艺系统的弹性变形，减小已加工表面的残留面积高度，一般须用较小的进给量。

③ 铣削速度的选择　在铣削层深度 a_p、铣削层宽度 a_e、每齿进给量 $S_\text{齿}$ 确定后，可在保证合理的刀具耐用度的前提下确定铣削速度 v。

粗铣时，确定铣削速度必须考虑到铣床功率的限制。

精铣时，一方面考虑提高工件的表面质量，另一方面要从提高铣刀耐用度的角度来考虑选择。具体可参照表 2-8～表 2-11。

二、铣削方式的选择

1. 周铣

用铣刀的圆周刀齿进行切削的铣削方式叫周铣。周铣又分为顺铣和逆铣。

表 2-8 常用铣削用量

铣刀种类	铣刀直径/mm	铣削深度/mm	铣削宽度/mm	加工材料					
				铸铁		有色金属		中碳钢	
				n/(r/min)	s/(mm/min)	n/(r/min)	s/(mm/min)	n/(r/min)	s/(mm/min)
立铣刀	4～6	0.3～0.6	3～4	600～950	30～60	750～1180	47.5～75	475～750	30～47.5
	8～10	1～2	5～6	600～750	37.5～75	600～950	60～95	375～475	37.5～60
	12～16	2～3	8～10	375～600	37.5～60	475～750	47.5～60	300～375	30～47.5
	18～22	5～6	20～25	235～375	47.5～75	375～475	60～95	235～300	37.5～60
	24～28	4～5	30～35	190～300	37.5～47.5	235～375	37.5～60	190～300	30～37.5
	30～35	6～8	35～40	150～235	23.5～37.5	190～300	30～47.5	150～235	23.5～30
	40	10～12	45～50	118～190	23.5～30	150～235	30～37.5	118～190	19～23.5
三面刃铣刀	63	1～1.5	6～12	118～150	37.5～75	118～190	60～95	95～118	37.5～60
	80	2～3	8～16	95～118	37.5～75	118～190	60～95	75～118	37.5～47.5
	100	4～6	10～20	75～118	37.5～47.5	118～150	47.5～75	75～95	30～37.5
	125	6～8	4～6	60～95	47.5～75	75～118	60～118	60～75	47.5～60
	160	8～10	5～8	47.5～75	47.5～60	60～95	60～95	47.5～60	37.5～60
	200	12～14	6～10	37.5～60	37.5～47.5	47.5～75	47.8～75	30～60	19～30
锯片铣刀	63	1～2	1～2.5	95～150	47.5～75	118～190	60～118	95～118	47.5～60
	80	3～4	1～3	95～118	47.5～60	95～150	60～95	75～95	37.5～60
	100	5～6	1.6～3	75～118	47.5～60	95～150	60～95	60～95	37.5～47.5
	125	6～10	2～4	60～95	37.5～60	75～118	47.5～75	60～75	30～47.5
	160	10～15	2～4.5	47.5～75	23.5～37.5	60～95	37.5～47.5	37.5～60	23.5～30
	200	16～20	3～5	37.5～60	23.5～30	47.5～75	30～47.5	30～47.5	19～23.5

表 2-9 铣削层深度
mm

工件材料	高速钢铣刀		硬质合金刀	
	粗铣	精铣	粗铣	精铣
铸铁	5～7	0.2～1.0	10～18	0.5～2.0
低碳钢	<5	0.2～1.0	<10	0.5～2.0
中碳钢	<3	0.2～1.0	<5	0.5～2.0
高碳高合金钢	<2	0.2～1.0	<3	0.5～2.0

表 2-10 铣削每齿进给量
mm

工件材料	粗铣		精铣	
	高速钢铣刀	硬质合金刀	高速钢铣刀	硬质合金刀
钢	0.10～0.15	0.10～0.25	0.02～0.05	0.10～0.15
铸铁	0.12～0.20	0.15～0.30		

表 2-11 铣削切削速度

工件材料	硬度(HBS)	切削速度 v/(m/mim)	
		高速钢铣刀	硬质合金刀
钢	<225	18～42	66～150
	225～325	12～36	54～120
	325～425	6～21	36～75
铸铁	<190	21～36	66～150
	190～260	9～18	45～90
	260～320	4.5～10	21～30

（1）顺铣　铣削时，铣刀切出工件时的切削速度方向与工件的进给运动方向相同称为顺铣。顺削时，铣刀刀齿的切削厚度从最大逐渐递减至零，没有逆铣时刀齿的滑行现象，加工硬化程度大为减轻，已加工表面质量也较高，刀具耐用度也比逆铣时高。如图 2-21 所示。

（2）逆铣　铣削时，铣刀切入工件时的切削速度方向和工件的进给运动方向相反称为逆铣。逆铣时，铣刀刀齿的切削厚度从零逐渐增大至最大值。刀齿在开始切入时，刀齿在工件表面上打滑，产生挤压和摩擦，这样将使刀齿容易磨损，工件表面产生严重的冷硬层。下一个刀齿又在前一个刀齿所产生的冷硬层上重复一次滑行、挤压和摩擦的过程，加剧刀齿磨损，增大了工件表面粗糙度值。如图 2-22 所示。

图 2-21　顺铣　　　　　　　　　　　　　　图 2-22　逆铣

顺铣与逆铣的比较见表 2-12。

表 2-12　顺铣和逆铣的比较

项　　目		简　　图	
		⟳ ⇨	⟳ ⇨
定义		铣刀接触工件时的旋转方向和工件的进给方向相同的铣削方式叫顺铣	铣刀接触工件时的旋转方向和工件的进给方向相反的铣削方式叫逆铣
对工件的影响	表面粗糙度	细	粗
	加工硬化程度	轻	重
	需要夹紧力	小	大
	进给的均匀性	丝杠、螺母轴向间隙较大时工作台被突然拉动，不均匀	均匀
对刀具磨损的影响		小（有硬皮的工件除外）	大
适用场合		用于丝杠、螺母间隙很小时和铣削水平分力小于工作台导轨间的摩擦力时	一般情况下应选用逆铣，尤其当工件表面具有硬皮时

2. 端铣

用端铣刀的端面齿进行铣削的方式，称为端铣。如图 2-23 所示，铣削加工时，根据铣刀与工件相对位置的不同，端铣分为对称铣和不对称铣两种。不对称铣又分为不对称逆铣和不对称顺铣。

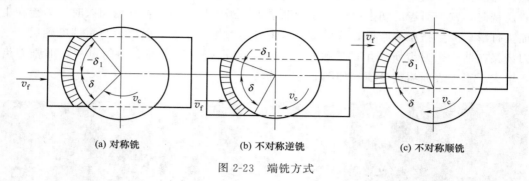

图 2-23 端铣方式

（1）对称铣　如图 2-23（a）所示，铣刀轴线位于铣削弧长的对称中心位置，铣刀每个刀齿切入和切离工件时切削厚度相等，称为对称铣。对称铣削具有最大的平均切削厚度，可避免铣刀切入时对工件表面的挤压、滑行，铣刀耐用度高。对称铣适用于工件宽度接近面铣刀的直径，且铣刀刀齿较多的情况。

（2）不对称逆铣　如图 2-23（b）所示，当铣刀轴线偏置于铣削弧长的对称位置，且逆铣部分大于顺铣部分的铣削方式，称为不对称逆铣。不对称逆铣切削平稳，切入时切削厚度小，减小了冲击，从而使刀具耐用度和加工表面质量得到提高。适合于加工碳钢及低合金钢及较窄的工件。

（3）不对称顺铣　如图 2-23（c）所示，其特征与不对称逆铣正好相反。这种切削方式一般很少采用，但用于铣削不锈钢和耐热合金钢时，可减少硬质合金刀具剥落磨损。

上述的周铣和端铣，是由于在铣削过程中采用不同类型的铣刀而产生的不同铣削方式，两种铣削方式相比，端铣具有铣削较平稳、加工质量及刀具耐用度均较高的特点，且端铣用的面铣刀易镶硬质合金刀齿，可采用大的切削用量，实现高速切削，生产率高。但端铣适应性差，主要用于平面铣削。周铣的铣削性能虽然不如端铣，但周铣能用多种铣刀，铣平面、沟槽、齿形和成形表面等，适应范围广，因此生产中应用较多。

案例教学

案例：凹模、固定板、卸料板、垫板的六面体加工

在任务载体模具结构中，凹模、固定板、卸料板、垫板是典型的板类零件，在其加工工艺过程卡中的第一道工序都是铣六面，而且还有一个共同点，就是外形尺寸一致，只是厚度不同。因此，铣六面的方法完全相同。

板类零件铣六面的特点是"相邻面垂直，相对面平行"。以凹模板的铣削为例。凹模结构如图 2-24 所示。铣六面的铣削加工工序见表 2-13。

1. 铣四周平面

板类零件四周面属于窄长面，适于采用端铣刀在卧式铣床加工完成，如图 2-25 所示。小型板件亦可采用虎钳装卡按六方体零件加工方法加工，如图 2-26 所示。

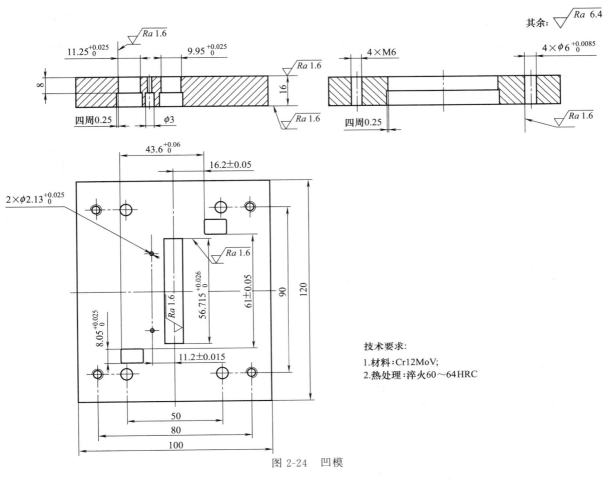

图 2-24　凹模

技术要求:
1. 材料:Cr12MoV;
2. 热处理:淬火60～64HRC

表 2-13　铣六面的铣削加工工序卡

天津电子信息	凹模铣削加工工序卡片	产品型号		零部件图号	MJ01-01	共 1 页
		产品名称	冲裁模	零部件名称		第 1 页
		工序号		工序名称		
		1		铣削工序		
		车　间	工　段	材 料 牌 号		
		金工	铣工	Cr2MoV		
		毛坯种类	毛坯外形尺寸	每坯件数	每台件数	
		锻件	125×105×20	1	1	
		设备名称	设备型号	设备编号	同时加工件数	
		铣床	X62W			
		夹具编号	夹具名称	切削液		
			平口虎钳	乳化液		
				工 时 定 额		
				准终	单件	

续表

工　步		工步内容	工艺装备	主轴转速/(r/min)	切削速度/(m/min)	进给速度/(mm/r)	背吃刀量/mm	进给次数	工时定额
描图									
	1	粗铣六面到120.5×100.5×17.5	虎钳	200	65	0.8	1.5		
描校	2	精铣六面到120×100×17		200	65	0.5	0.2		
底图号									
装订号									
					编制（日期）		审核（日期）		会签（日期）
	标记	处数	更改文件号	签字	日期				

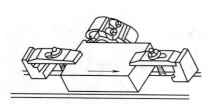

图 2-25　在卧式铣床上用端铣刀铣削平面

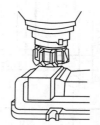

图 2-26　在立式铣床上用端铣刀铣削平面

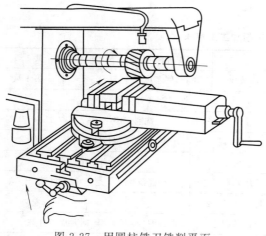

图 2-27　用圆柱铣刀铣削平面

2. 铣上下平行大面

平面是工件加工面中最常见的，铣削平面具有较高的加工质量和效率，是平面的主要加工方法之一。铣平行面常选用圆柱铣刀在卧式铣床或立式铣床上铣削，如图 2-27 所示。

（1）用圆柱铣刀铣削平面的基本步骤

① 选择和安装铣刀。铣削平面时，多选用螺旋齿圆柱高速钢铣刀。铣刀宽度应大于工件宽度。根据铣刀内孔直径选择适当的长刀杆，把铣刀安装好。

② 装夹工件。工件可以在普通平口台虎钳上或工作台面上直接装夹，铣削圆柱体上的平面时，还可用 V 形铁装夹。

③ 合理地选择铣削用量。

④ 调整工作台纵向自动停止挡铁。调整工作台纵向自动停止挡铁，把工作台前面 T 形槽内的两块挡铁固定在与工作行程起止相应的位置，可实现工作台自动停止进给。

⑤ 开始铣削。铣削平面时，应根据工件加工要求和余量大小分粗铣和精铣两阶段进行。

铣削时，应注意以下几个问题：

a. 正确使用刻度盘。先搞清楚刻度盘每转一格工作台进给的距离，再根据要求的移动距离计算应转过的格数。转动手柄前，先把刻度盘零线与不动指示线对齐并固紧，再转动手柄至需要刻度。如果多转几格，应把手柄倒转一圈后再转到需要刻度，以消除丝杠与螺母配合间隙对移动距离的影响。

b. 吃刀量大时，必须先用手动进给，慢慢切入后，再用自动进给，以避免因铣削力突然增加而损坏铣刀或使工件松动。

c. 铣削进行中途不能停止工作台进给。因为铣削时，铣削力将铣刀杆向上抬起，停止进给后，铣削力很快消失，刀杆弯曲变形恢复，工件会被铣刀切出一个凹痕。当铣削途中必须停止进给时，应先将工作台下降，使工件脱离铣刀后，再停止进给。

d. 进给结束，工作台快速返回时，先要降下工作台，防止铣刀返回时划伤已加工面。

e. 铣削时，根据需要决定是否使用冷却润滑液。

（2）用端铣刀铣削平面的步骤　用圆柱铣刀铣削平面在生产效率、加工表面粗糙度以及运用高速铣削等方面都不如端铣刀铣削平面。因此，实际生产中广泛采用端铣刀铣削平面。

用端铣刀铣削平面的基本步骤与用圆柱铣刀铣削平面的基本步骤相同。但为了避免接刀，铣刀外径应比工件被加工面宽度大一些。铣削时，铣刀轴线应垂直于工作台进给方向，否则加工就会出现凹面，加工时应将立式铣床的立铣头（可转动的）扳到零位。对加工精度要求较高时，还应精确调整，调整方向如图2-28所示。将百分表用磁力架固定在立铣头主轴上，上升工作台使百分表测量头压在工作

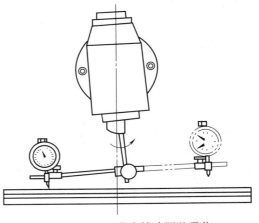

图 2-28　用百分表精确调整零位

台面上，记下指针读数，用手扳动主轴使百分表转过$180°$，如果指针读数不变，立铣头主轴中心线即与工作台进给方向垂直。在卧式铣床上的调整与此相似。

3. 铣削平面时出现的质量问题与预防措施（见表2-14）

表 2-14　铣削平面时产生的质量问题和预防措施

质量问题	产生的原因	预防措施
表面粗糙度不好	进给量太大	减少每齿进给量
	振动大	减少铣削用量及调整工作台的楔铁,使工作台无松动现象
	表面有深暗现象	中途不能停止进给,若已出现深暗现象,而工件还有余量,可再切一次,消除深暗现象
	铣刀不锋利	刃磨铣刀
	进给不均匀	手转时要均匀或改用机动进给
	铣刀摆差太大	减少每转进给量或重磨、重装铣刀
尺寸与图样要求不符合	刻度盘没有对准,或没有将进给丝杠螺母间隙消除	应仔细转手柄,使刻度盘对准,若转错刻度盘而工件还有余量,可重新对准刻度,再铣至规定尺寸
	工件松动	将工件夹牢固
	测量不准确	正确的测量

4. 铣削垂直面和平行面

铣削垂直面和平行面时，最重要的是使工件的基准平面处在工作台正确的位置上，如表2-15所示。

表 2-15　垂直面和平行面铣削时工件基准平面的位置

类别	卧式铣床加工		立式铣床加工	
	圆周铣削	端铣削	圆周铣削	端铣削
平行面	平行于工作台台面	垂直于工作台台面及主轴	垂直于工作台台面并平行于进给方向	平行于工作台台面
垂直面	垂直于工作台台面	平行于工作台台面并平行于主轴	平行于工作台台面	垂直于工作台台面

（1）铣削垂直面的方法　工件上相互垂直的平面时，常用台虎钳或角铁装夹。在台虎钳上装夹工件时必须使工件基准面与固定钳口贴紧，以保证铣削面与基准面垂直，否则在基准面的对面为毛面（或不平行）时，便会出现图2-29所示的情况，将影响加工面的垂直度。解决的措施是在活动钳口工件之间放置一根圆棒，通过圆棒将工件夹紧，以保证工件基准面与固定钳口贴合。如图2-30所示。

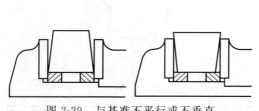

图 2-29　与基准不平行或不垂直

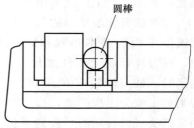

图 2-30　用圆棒夹紧工件

（2）铣削平行面的方法　平行面可以在卧式铣床上用圆柱铣刀铣削，也可用在立式铣床上用端铣刀铣削。铣削时应使工件的基准面与工作台台面平行或直接贴合，其装夹方法如下：

① 利用平行垫铁装夹　在工件基准面下垫平行垫铁，垫铁应与台虎钳导轨顶面贴紧，装夹时，如发现垫铁有松动现象，可用铜锤轻轻敲击，直到无松动为止。如果工件厚度较大，可将基准面直接放在台虎钳导轨顶面上。

② 利用划线盘和百分表校正基准面　如图2-31所示的方法适合加工长度稍大于钳口长度的工件。校正时，先把划线盘调整到距工件基准面只有很小间隙的位置，然后移动划线盘，检查基准面四角与划针间的空隙是否一致，若间隙不均匀，则可用铜锤轻轻敲击间隙较

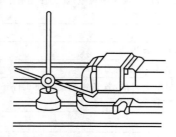

图 2-31　用划线盘校正工件基准面

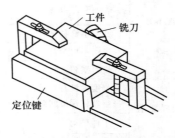

图 2-32　在卧式铣床上用端铣刀铣削平行面

大的部位，直到四角间隙均匀为止。对于平行度要求很高的工件应用百分表校正基准面。

在卧式铣床上用端铣刀铣削平行面如图2-32所示。首先在梯形台中间的T形槽装好定位键，再将工件基准面与定位键的侧面靠齐，并用压板将工件压紧。如果不用定位键，则必须用划线盘或百分表对基准面进行校正，以保证它与工作台进给方向平行。

（3）铣削垂直面和平行面时出现的质量问题与预防措施 铣削垂直面和平行面时出现的质量问题与预防措施见表2-16。

表 2-16 铣削垂直面、平行面时产生废品的原因和防止方法

废品种类	产生废品的原因	防 止 方 法
不平行和 不垂直	台虎钳口和角铁不正	把工件垫正或修整夹具
	台虎钳与基准面之间有污物	应仔细清除污物
	工作台台面或台虎钳导轨上有污物	应仔细清除污物,使工件和台虎钳底面清洁
	工件松动	将工件夹牢固
	铣刀不精确	重新刃磨铣刀

任务3 模具零件的锉配加工

说明：任务3的具体内容是，掌握角度的锉配，掌握对称度的测量及误差，掌握模具零件的锉配方法。通过这一具体任务的实施，能够掌握锉配及修配方法。

知识点与技能点

1. 角度的锉配。
2. 对称度的测量。
3. 模具零件的锉配及修整。

相关知识

通过锉配加工，使两个零件的相配表面达到图样上规定的技术要求，这种工作称为锉配。

锉配的方法广泛地应用于机器装配、修理以及工具、模具的制造中。锉配的基本方法是：先将相配的两个零件的一件锉到符合图样要求，再以它为基准锉配另一件。一般来说，零件的外表面比内表面容易加工，所以通常是先锉好配合面为外表面的零件，然后再锉配内表面的零件。由于相配合零件的表面形状、配合要求不同，随之锉配的方法也有所不同，因此，锉配方法应根据具体情况决定。

一、锉配角度样板

1. 锉内、外角度检验样板

锉配角度样板工件之前，一般要锉制一副内、外角度检查样板，如图2-33所示。锉削时 α 角要准确，两条锐角边要平直。内外样板配合时，在 α 角的两边只允许有微弱的光隙。

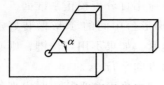

图 2-33　角度检验样板

2. 角度样板的尺寸测量

图 2-34（a）所示的尺寸 B 不容易直接测量准确，一般都采用间接的测量方法。样板形状不同，测量时的计算方法亦有所不同。

图 2-34（b）的测量尺寸 M 与样板的尺寸 B、圆柱直径 d 之间有如下关系

$$M = B + \frac{d}{2}\cot\frac{\alpha}{2} + \frac{d}{2}$$

式中　M——测量读数值，mm；

　　　B——样板斜面与槽底的交点至测量面的距离，mm；

　　　d——圆柱量棒的直径尺寸，mm；

　　　α——斜面的角度值，（°）。

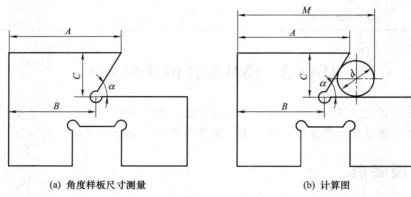

(a) 角度样板尺寸测量　　　　　(b) 计算图

图 2-34　角度样板边角尺寸的测量

当要求尺寸为 B 时，则可按下式计算

$$B = A - C\cot\alpha$$

或

$$B = M - \frac{d}{2}\cot\frac{\alpha}{2} - \frac{d}{2}$$

3. 锉配角度样板的加工过程

图 2-35 所示工件的加工过程如下。

① 在两块材料上分别划出外形加工线。

② 分别锉削件 1 和件 2 的外形，应使尺寸（40±0.05）mm、（60±0.05）mm 和垂直度、平行度（为保证对称度）达到要求。

③ 根据图样划出件 1 和件 2 的全部加工线。

④ 分别钻出 $3 \times \phi 3$mm 工艺孔。

⑤ 加工件 1 的凸形面。按线锯去 A 面对应的一角余料。

⑥ 锉削凸体。在保证从 A 面间接测量 39mm 尺寸 $\left(\frac{1}{2} \times 60\right.$ 的实际尺寸 $+\frac{1}{2} \times 18$ 的尺寸$\left.\right)$ 的同时，要保证对称度 0.1mm 的要求，还要从底平面间接测量，保证 $15_{-0.05}^{0}$ mm 的尺寸。

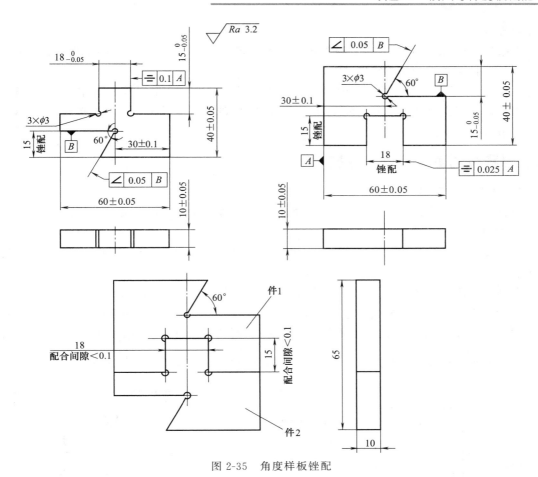

图 2-35　角度样板锉配

⑦ 按划线锯去另一侧（A 面）垂直角余料。用上述方法控制尺寸 15mm 和直接测量尺寸为 $15_{-0.05}^{0}$ mm。

⑧ 加工件 2 的凹形面。用钻头离划线一段距离钻出排孔。然后粗锉至线条处，留 0.1～0.2mm 精锉余量。

⑨ 锉削两侧面。先锉削 $\left(\dfrac{1}{2} \times 60$ 的实际尺寸 $-\dfrac{1}{2} \times 18$ 凹体实际尺寸的$\right)$ 左（基准）侧面，以保证对称度。然后锉削另一侧面，达到与凸体松紧适当的配合，且配合间隙小于 0.1mm。

⑩ 加工件 2 的 60°角。首先按划线锯去 60°角的余料。锉削时要保证 $15_{-0.05}^{0}$ 的尺寸要求。再用 60°角度样板检验、锉准 60°角，同时控制尺寸（30±0.1）mm。

⑪ 加工件 1，按划线锯去 60°角余料。其加工方法与上面相同，但应与件 2 锉配，达到角配合间隙不大于 0.1mm 要求，这时可用塞尺检查。

⑫ 全部锐边倒棱。

4. 锉配样板的注意事项

① 样板的全部加工过程，都是采用间接测量的方法来保证尺寸要求的，因此对尺寸的计算和测量，一定要做到准确无误，否则不可能保证加工精度。

② 要保证垂直度准确，必须在选好基准面加工的同时，还要考虑到平行度，否则对称

度难以保证。

③ 加工中不能为了省事，把两个角的余料同时锯去，这样就失去了间接测量的手段，无法保证对称度和整个尺寸精度。

④ 已加工好的形面与另一形面锉配时，因加工掌握不好会出现较大间隙，此时不得通过敲打挤压材料进行修整。若一时基准件不能在锉配的件上通过时，不得去修锉已加工好的基准（或样板）形面。

二、对称度的测量及误差修整

1. 对称度的测量

对称度误差，是指被测表面的中心平面与基准表面的中心平面间的最大偏移距离，如图 2-36 中的 Δ。

对称度公差带是距离为公差值 t，且相对基准中心平面对称配置的两平行平面之间的区域。

对称度的测量如图 2-37 所示。要检查尺寸 m 是否对称于尺寸 n 的中心平面，先把样板垂直放置在平板上，用百分表测量 A 表面，得出数值 k_1；然后把另一侧面同样放置在平板上，测量 B 表面，得出数值 k_2。如果两次测量的数值一样，说明尺寸 m 的两表面对称于尺寸 n 的中心平面；如果两次测量的数值不一样，则对称度误差值为：$\dfrac{|k_1-k_2|}{2}$。

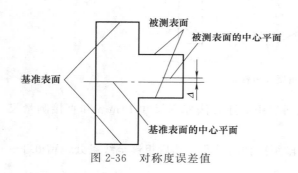

图 2-36　对称度误差值

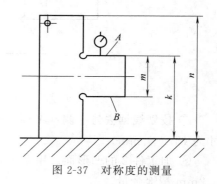

图 2-37　对称度的测量

2. 对称度误差修整

对称度误差在凸凹配合件中可通过凸凹体配合进行检查，然后根据检查结果修整，以减小或消除对称度误差。其原理如图 2-38 所示。

在图 2-38（a）、（b）、（c）一组中，图（a）为该组凸凹件配合前的情况，图（b）为该组件配合后的情形，图（c）为翻转凸形后的配合情形。修整时，凸形件多的一侧要修去 2Δ，凹形件每侧要修去 Δ。

在图 2-38（d）、（e）、（f）一组中，图（d）为配合前的情形，图（f）为翻转凸形件后的配合情形。修整时，凸件、凹件多的一侧都要修去 2Δ。

在图 2-38（g）、（h）、（i）一组中，凸件和凹件先按图（h）所示多的一侧修去 $|\Delta_1-\Delta_2|$，然后翻转凸件，再按图（i）所示多的一侧修去 $\Delta_1+\Delta_2$。

以上几种情形表明，要修整、减小对称度误差，都要对凸件或凹件的外形基准尺寸进行修去，所以在开始锉削外形基准尺寸时，一定要按所给尺寸的上限加工，留有一定的修整余量。这样，即使最后因对称度超差修去一些，外形尺寸仍在公差范围之内。

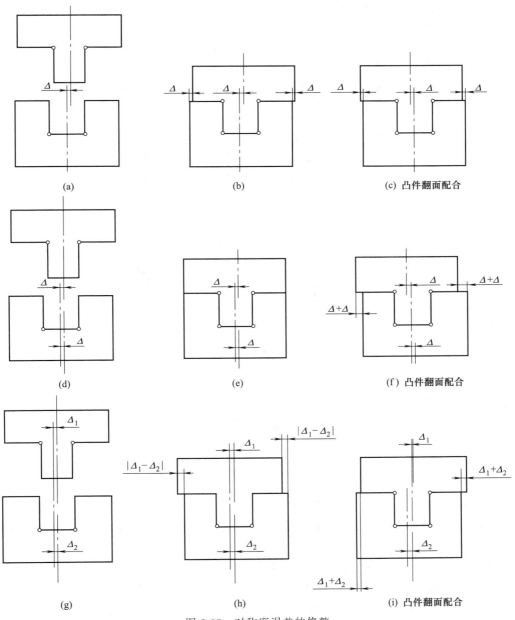

图 2-38　对称度误差的修整

案例教学

实例 1

如图 2-39 所示。

1. 操作技术要求

① 掌握四方体的锉配方法。

② 了解影响锉配精度的因素，并掌握锉配误差的检查和修正方法。

③ 进一步掌握平面锉配技能，了解内表面加工过程及形位精度在加工中的控制方法。

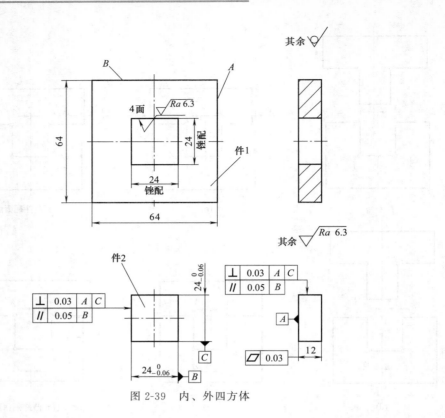

图 2-39　内、外四方体

2. 使用的刀具、量具和辅助工具

锉配四方体常用的刀具、量具和工具有：粗锉刀、细锉刀、钢尺、游标卡尺、高度游标尺、千分尺、刀口尺、角尺、塞尺、平板和划针盘。

3. 操作过程

（1）加工件 2

① 锉削基准平面 A，并使之达到平面度 0.03mm，表面粗糙度 $Ra6.3\mu m$ 要求。

② 锉削 A 面对应面。以 A 面为基准，在相距 12mm 处划出平面加工线，并使锉削达到尺寸 12mm，平面度 0.03mm，表面粗糙度 $Ra6.3\mu m$ 要求。

③ 锉削基准面 B，并使之达到平面度和垂直度 0.03mm，表面粗糙度 $Ra6.3\mu m$ 要求。

④ 锉削 B 面对应面。以 B 面为基准，在相距 24mm 处划出平面加工线，并使锉削达到尺寸 $24_{-0.06}^{0}$ mm，平面度、垂直度 0.03mm，平行度 0.05mm，表面粗糙度 $Ra6.3\mu m$ 的要求。

⑤ 锉削基准面 C，并使之达到平面度、垂直度 0.03mm，表面粗糙度 $Ra6.3\mu m$ 的要求。

⑥ 锉削 C 面的对应面。以 C 面为基准，在相距 24mm 处划出平面加工线，并使锉削达到尺寸 $24_{-0.06}^{0}$ mm，平面度、垂直度 0.03mm，平行度 0.05mm，表面粗糙度 $Ra6.3\mu m$ 的要求。

⑦ 在棱边上倒棱。

（2）加工件 1

① 按加工件 2 的方法锉削件 1 左右两大面，使之达到平面度、平行度、表面粗糙度

要求。

② 锉削 A、B 基准面，使之达到平面度、垂直度、表面粗糙度的要求。

③ 以 A、B 面为基准，划内四方体 24mm×24mm 尺寸线，并用已加工四方体校核所划线条的正确性。

④ 钻排孔，粗锉至接近线条并留 0.1～0.2mm 的加工余量。

⑤ 细锉靠近 A 基准的一侧面，达到与 A 面平行，与大平面垂直。

⑥ 细锉第一面的对应面，达到与第一面平行。用件 2 试配，使其较紧地塞入。

⑦ 细锉靠近 B 基准的一侧面，使之达到与 B 面平行，且与大平面及已加工的两侧面垂直。

⑧ 细锉第四面，使之达到与第三面平行，与两侧面和大平面垂直，达到用件 2 能较紧地塞入。

⑨ 用件 2 进行转位修正，达到全部精度符合图样要求，最后达到件 2 在内四方体内能自由地推进推出，毫无阻碍。

⑩ 去毛刺。用厚薄规检查配合精度，达到换位后最大间隙不得超过 0.1mm，最大喇叭口不得超过 0.05mm，塞入深度不得超过 3mm。

4. 注意事项

① 锉配件的划线必须准确，线条要细而清晰。两面要同时一次划线，以便加工时检查。

② 为达到转位互换时的配合精度，开始试配时其尺寸误差都要控制在最小范围内，亦即配合要达到很紧的程度，以便于对平行度、垂直度和转位配合精度作微量修正。

③ 锉配件的外形基准面 A、B，从图样上看没有垂直度和平行度要求，但在加工内四方体时，外形面 A、B 就自然成为锉配的基准面。因此为保证划线时的准确性和锉配时的测量基准，对外形基准 A、B 的垂直度和与大平面的垂直度，都应控制在小于 0.02mm 以内。

④ 从整体考虑，锉配时的修锉部位要在透光与涂色检查之后进行，这样就可避免仅根据局部试配情况就急于进行修配，而造成最后配合面的过大间隙。

⑤ 在锉配与试配过程中，四方体的对称中心平面必须与锉配件的大平面垂直，否则会出现扭曲状态，不能正确地反映出修正部位，达不到正确的锉配目的。

⑥ 正确选用小于 90° 的光边锉刀，防止锉成圆角或锉坏相邻面。

⑦ 在锉配过程中，只能用手推入四方体，禁止使用榔头或硬金属敲击，以避免将两锉配面咬毛。

⑧ 锉配时应采用顺向锉、不得推锉。

⑨ 加工内四方体时，可先加工一件内角样板。

5. 锉削规律

① 选择大的平面或长的平面加工作为基准。有了加工基准，使得其他加工表面有一个共同的加工依据。

② 先锉平行面，后锉垂直面。先锉平行面是为了控制尺寸精度，再锉垂直面是为了进行平行度和垂直度这两项误差的测量比较，以减小积累误差。

③ 先锉大平面，后锉小平面。这是因为以大控制小，能使加工方便，测量准确。

实例 2

如图 2-40 所示。

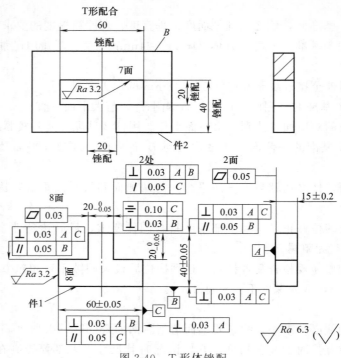

图 2-40 T 形体锉配

1. 操作技术要求

① 掌握具有对称度要求的形体划线方法。

② 掌握具有对称度要求的形体加工和测量方法。

③ 进一步掌握锉配精度要求，使互配零件能正反互换。

2. 操作过程

（1）根据图样要求检查备料尺寸

（2）加工件 1 外形轮廓尺寸

① 锉削基准面 A，达到平面度 0.05mm 和表面粗糙度 $Ra6.3$mm 的要求。

② 锉削 A 面的对应面。以 A 面为基准，在相距 15mm 处划出平面加工线，并使锉削达到尺寸 (15 ± 0.2)mm、平面度、与 A 面平行度 0.05mm、表面粗糙度 $Ra6.3\mu$m 的要求。

③ 锉削 C 面，达到平面度、与 A 面垂直度 0.03mm，表面粗糙度 $Ra3.2\mu$m 的要求。

④ 锉削 B 面，达到平面度与 A 面和 C 面垂直度 0.03mm，表面粗糙度 $Ra3.2\mu$m 的要求。

⑤ 锉削 C 面对应面。以 C 面为基准，在相距 60mm 处划出平面加工线，并锉削达到尺寸 (60 ± 0.05)mm 的平面度、与 C 面平行度 0.05mm，与 A 面和 B 面垂直度 0.03mm 和表面粗糙度 $Ra3.2\mu$m 的要求。

⑥ 加工 B 面对应面。以 B 面为基准，在相距 40mm 处划出平面加工线，并锉削达到尺寸 (40 ± 0.05)mm、平面度、与 B 面平行度 0.05mm、与 A 面和 C 面垂直度 0.03mm 和表面粗糙度 $Ra3.2\mu$m 的要求。

（3）加工件 1 凸形部分

① 以 C 面、B 面为基准划出凸形部分的加工线。

② 按线先锯去图 2-41 中阴影部分余料。

③ 首先求出尺寸 E，根据尺寸链关系，可以看出由尺寸（40 ± 0.05）mm、尺寸（$20_{-0.05}^{0}$）mm 和尺寸 E 组成的尺寸链中，尺寸（$20_{-0.05}^{0}$）mm 为封闭环，尺寸（40 ± 0.05）mm 为组成环。这样，组成环公差大于封闭环，无法用尺寸链基本公式计算，因此在成批生产中，这是行不通的。但锉配训练属于单件生产，在实际加工中，此时尺寸（40 ± 0.05）mm 已经加工，（40 ± 0.05）mm 已成定值，那么尺寸 E 即为

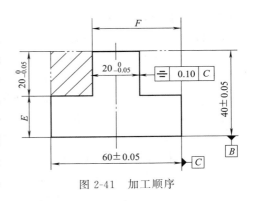

图 2-41 加工顺序

$$E_{max} = 40\pm0.05\text{的实际尺寸} - (20-0.05)$$
$$E_{min} = 40\pm0.05\text{的实际尺寸} - 20$$

④ 求出尺寸 F。从图中可以看出，尺寸 F 和 $\dfrac{60\pm0.05}{2}$，对称度误差 0.1mm 以及 $\dfrac{20_{-0.05}^{0}}{2}$ 组成一个尺寸链。对称度误差 0.1mm 为封闭环，尺寸（60 ± 0.05）mm 已为定值，代入尺寸链公式得

$$F = \frac{60\pm0.05\text{的实际尺寸}}{2} + \frac{20-0.05}{2} + 0.05$$

$$F = \frac{60\pm0.05\text{的实际尺寸}}{2} + \frac{20}{2} - 0.05$$

$$F = \frac{60\pm0.05\text{的实际尺寸}}{2} + 10_{-0.05}^{+0.025}$$

图 2-42（a）为尺寸 F 的最大和最小的情况。图 2-42（b）为在尺寸 F 的最大的情况下，当尺寸 $20_{-0.05}^{0}$ mm 为最小时，$20_{-0.05}^{0}$ mm 的中心平面相对（60 ± 0.05）mm 的中心平面向左偏移 0.05mm。图 2-42（c）为在尺寸 F 最小的情况下，当尺寸 $20_{-0.05}^{0}$ mm 为最大时，$20_{-0.05}^{0}$ mm 的中心平面相对（60 ± 0.05）mm 的中心平面向右偏移 0.05mm。

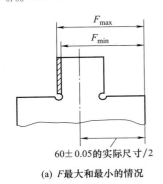
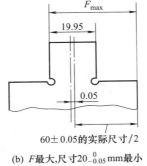
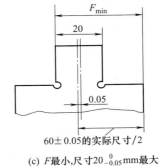

(a) F最大和最小的情况　　(b) F最大,尺寸$20_{-0.05}^{0}$mm最小　　(c) F最小,尺寸$20_{-0.05}^{0}$mm最大

图 2-42 对称度尺寸的计算

⑤ 通过上述算得的 E、F 尺寸进行测量和锉削，从而保证凸肩中心平面相对（60 ± 0.05）mm 中心平面 0.1mm 的对称度要求。同时使锉削达到两平面的平面度分别相对 C 面、B 面平行度 0.05 mm 的要求，以及与 A 面、B 面、C 面垂直度 0.03mm，表面粗糙度

$Ra3.2\mu m$ 的要求，并用 $90°$ 内外角度样板检验锉配。

⑥ 按线锯去凸形部分右侧余料。

⑦ 以加工好的凸形部分左侧为基准加工右侧两侧面，使之达到尺寸 $20_{-0.05}^{\ 0}$mm，平面度、与 B 面和 C 面的平行度 0.05mm，与 A 面、C 面、B 面的垂直度 0.03mm，表面粗糙度 $Ra3.2\mu m$ 的要求。同时用 $90°$ 角度样板和 T 形样板检验锉配。

⑧ 转位面处清角和棱边倒棱。

（4）加工件 2

① 加工件 2 两侧大平面，使之达到平面度、平行度和表面粗糙度的要求。

② 加工 A、B 基准面，使之达到平面度、垂直度和表面粗糙度的要求。

③ 以 A、B 为基准面，划出内 T 形体尺寸线，并用已加工凸形体校核所划线条的正确性。

④ 钻排孔，粗锉凹槽内五面至接近线条时留出 0.2～0.3mm 的精加工余量。

⑤ 细锉靠近 B 基准的一侧面，达到与 B 面的平行度和与大平面的垂直度的要求。

⑥ 细锉第一面对应两平面，达到与第一面平行和与大平面垂直的要求。用件 1 试配，使其较紧地塞入。

⑦ 细锉靠近 A 基准的一侧凹面，使之达到与 B 面平行，与大平面及已加工的两侧面垂直。锉配时应考虑中心平面的对称度。

⑧ 细锉凹面的对应面，使之达到与凹面平行，与大平面及已加工的两侧面垂直。同时要考虑对称度问题。用件 1 试配使其较紧地塞入。

⑨ 先粗锉、后细锉与 B 面垂直的两侧面，使之达到与 A 面平行，与大面及已加工的邻面垂直，同时考虑对称度的要求。用件 1 试配使其较紧地塞入。

⑩ 用件 1 转位修整，达到精度符合图样要求。最后达到件 1 在 T 形槽内能自由地推进推出，毫无阻碍。

⑪ 粗、细锉 B 面对应的轮廓面，达到凸件装入后，与其顶面同平面的要求。

⑫ 去毛刺。用厚薄规检查配合精度，达到转位后在平行于对称平面方向的最大间隙不得超过 0.1mm；在垂直于对称平面方向的最大间隙不得超过 0.2mm；最大喇叭口不得超过 0.05mm；塞入深度不得超过 3mm。

3. 注意事项

① 锉配件划线时必须做到线条细而清晰准确。两面要同时一次划线以便检查。

② 在 T 形体的锉配过程中一些尺寸是采用间接法测量的。为保证加工尺寸的精度和对称度要求，在尺寸测量时，一定要认真细致，以确保锉配的质量。

③ 在加工 $20_{-0.05}^{\ 0}$mm 凸形体时，只能先去除 C 基准面对应面的余料，以便通过 E、F 尺寸测量，保证锉削的尺寸精度和对称度。

④ 加工垂直面时，只能使用小于 $90°$ 的光边锉刀，以防锉伤另一垂直面。

⑤ 在锉配 T 形体前事先锉配一副 T 形样板和 $90°$ 角度检验样板。

⑥ 凸凹形体的锉配加工，从基准面开始，都要从严控制平面度、垂直度、平行度和尺寸精度等，才能保证转位误差不超差和单面间隙的精度。

⑦ 在转位锉配时，不得通过修锉凸形体的办法达到转位配合的精度要求。

实例 3：冲模装配技能

装配是模具钳工的基本操作技能，凸模与固定板直接的装配属于过盈连接，通过完成图

2-43 所示凸模与凸模固定板之间的连接，掌握装配过程中如何保证垂直度要求。

1. 工量具准备

① 铜棒：直径约 20mm，1 根。

② 木榔头：1 把。

③ 直角尺：63mm×40mm，1 把。

④ 百分表：0～50mm，1 块。

⑤ 细板锉：2000mm，1 把。

⑥ 油石。

⑦ 软钳口。

2. 工艺步骤

（1）装配准备

① 擦净平板，将凸模固定板的磨削表面朝上放置于平板上。

② 用油石打磨各工件配合端面刃口部分、去毛刺；在凸模和凸模固定板的配合处涂机油。

（2）装配步骤

① 将凸模垂直放置在固定板型孔处，用木榔头从上向下轻轻敲击，使其配合端口进入型孔 1～2mm，如图 2-44 所示。

② 用直角尺检测两件之间各侧面的垂直度，如不符合要求，用木榔头在相反方向轻敲修正。

③ 边检测垂直度，边往下敲击，直至凸模进入型孔，进入的高度约占凸模固定板厚度的 1/3，如图 2-45 所示。

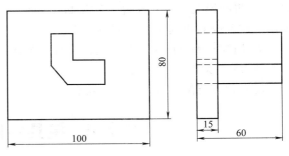

技术要求

1. 凸模各侧面与凸模固定板的垂直度不得超过 0.02；
2. 装配后各表面应无夹痕、无毛刺。

图 2-43　凸模与凸模固定板的装配图

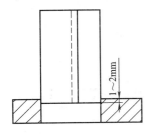

图 2-44　装配过程一

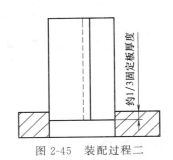

图 2-45　装配过程二

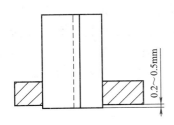

图 2-46　装配过程三

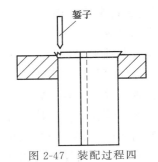

图 2-47　装配过程四

④ 将凸模及固定板放置在液压机工作台上，将凸模配合部分一次性压入固定板型孔，使凸模端面略高出固定板下端面 0.2~0.5mm，如图 2-46 所示。

⑤ 用錾子铆开凸模与型孔的配合面，如图 2-47 所示。

⑥ 磨平凸模与固定板。

（3）检查装配后各尺寸是否符合要求。

任务 4　模具零件的磨削加工

说明：任务 4 的具体内容是，掌握磨床的相关知识，掌握平面磨削及平面度的检验，掌握垂直面的磨削及垂直度的检验。通过这一具体任务的实施，能够正确磨削模具零件。

知识点与技能点

> 1. 磨床的相关知识。
> 2. 平面的磨削及检验。
> 3. 垂直面的磨削及检验。

相关知识

凸模属于细长轴磨削，且凸模各台阶同轴度要求较高。为保证加工要求采用双顶尖装夹，如图 2-48 所示。

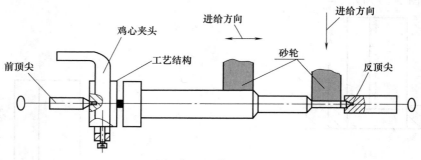

图 2-48　凸模的装夹

一、平面磨床

1. 平面磨床结构

平面磨床主要用于磨削零件上的平面。平面磨床与其他磨床不同的是工作台上安装有电磁吸盘或其他夹具，用作装夹零件。图 2-49 为 M7120A 型平面磨床结构。磨头 2 沿滑板 3 的水平导轨可作横向进给运动，这可由液压驱动或横向进给手轮 4 操纵。滑板 3 可沿立柱 6 的导轨垂直移动，以调整磨头 2 的高低位置及完成垂直进给运动，该运动也可操纵手轮 9 实现。砂轮由装在磨头壳体内的电动机直接驱动旋转。

2. 平面磨床的操作与调整

（1）工作台的操作和调整操纵步骤

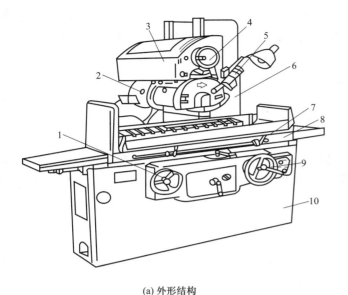

(a) 外形结构

(b) 实物外形

图 2-49 M7120A 型平面磨床

1—驱动工作台手轮；2—磨头；3—滑板；4—横向进给手轮；5—砂轮修整器；

6—立柱；7—行程挡块；8—工作台；9—垂直进给手轮；10—床身

① 旋开急停按钮。

② 按动液压启动按钮，启动液压泵。

③ 调整工作台形成挡铁位置。

④ 在液压泵工作数分钟后，扳动工作台启动调速手柄，向顺时针向转动，使工作台从慢到快进行运动。

⑤ 扳动工作台换向手柄，使工作台往复换向 2～3 次，检查动作是否正常，然后使工作台自动换向运动。

⑥ 扳动工作台启动调速手柄，向逆时针方向转动，使工作台从快到慢直至停止运动。

（2）磨头的操纵和调整

① 磨头的横向液动进给

a. 向左转动磨头液动进给旋钮，使磨头从慢到快作连续进给；调节磨头左侧槽内挡铁的位置，使磨头在电磁吸盘台面横向全程范围内往复移动，如图 2-50 所示。

b. 向右转动旋钮，使磨头在工作台纵向运动换向时作横向断续进给，进给量可在 1～12mm 范围调节。磨头断续或连续进给需要换向时，可操纵换向手柄 3，手柄向外拉出，磨头向外进给；手柄向里推进，磨头向里进给。

② 磨头的横向手动进给 当用砂轮端面进行横向进给磨削时，砂轮需停止横向液动进给。操作时，应将磨头液动进给旋钮旋至中间停止

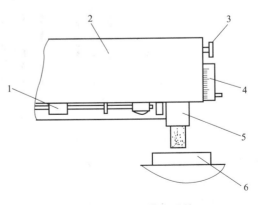

图 2-50 磨头的横向进给

1—挡铁；2—滑板；3—换向手柄；4—磨头
横向进给手轮；5—磨头；6—电磁吸盘

位置；再旋出磨头横向手动和机动转换按钮（注：机动进给时需合上按钮），然后手摇磨头横向手动进给手轮，使磨头作横向进给，顺时针方向摇动手轮，磨头向外移动；逆时针方向摇动手轮，磨头向里移动。手轮每格进给量为 0.01mm。

③ 磨头的垂直手动进给　磨头的进给是通过摇动垂直进给手轮来完成的。操纵时，把开合螺母向里推紧，使操纵箱内齿轮啮合；摇动手轮，磨头垂直上下移动。手轮顺时针方向摇动一圈，磨头就下降 1mm；每格进给量 0.005mm。

3. 砂轮的启动

为了保证砂轮主轴使用的安全，在启动砂轮前，必须启动润滑泵，使砂轮主轴得到充分润滑。操作时，在润滑泵启动之后，再按动砂轮启动按钮使砂轮运转；磨削结束后，按动砂轮停止按钮，砂轮停止运转。

4. 电磁吸盘的使用

在使用电磁吸盘时应注意以下事项：

① 关掉电磁吸盘的电源后，有时工件不容易取下，这是因为工件和电磁吸盘上仍会保留一部分磁性（剩磁），这时需将开关转到退磁位置，多次改变线圈中的电流方向，把剩磁去掉，工件就容易取下。

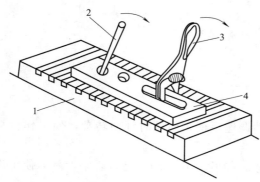

图 2-51　工件的拆卸

1—电磁吸盘；2—木棒；3—活扳手；4—工件

② 从电磁吸盘上取底面积较大的工件时，由于剩磁以及光滑表面间黏附力较大，不容易取下，这时可根据工件形状用木棒或铜棒将工件扳松后再取下，切不可用力硬拖工件，以防工作台面与工件表面拉毛损伤，如图 2-51 所示。

③ 装夹工件时，工件定位表面盖住绝缘磁层条数应尽可能地多，以便充分利用磁性吸力。小而薄的工件应放在绝缘磁层中间，如图 2-52（a）所示，要避免放成图 2-52（b）所示的位置，并在其左右放置挡板，以防止工件松动，如图 2-52（c）所示。

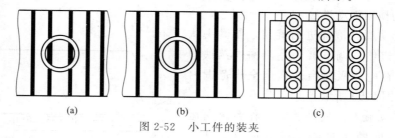

| (a) | (b) | (c) |

图 2-52　小工件的装夹

④ 装夹高度较高而定位面积较小的工件时，应在工件的四周放上面积较大的挡板，其高度略低于工件，这种可避免因吸力不够而造成工件翻倒，如图 2-53 所示。

⑤ 电磁吸盘台面要经常保持平整光洁，如果台面上出现拉毛，可用三角油石或细砂纸修光，再用金相砂纸抛光。如果台面使用时间较长，表面上划纹和细麻点较多，或者有某些变形时，可以对电磁吸盘台面作一次修磨。修磨时，电磁吸盘应接通电源，使它处于工作状态。磨削量和进刀量要小，冷却要充分，待磨光至无火花出现时即可，应尽量减少修磨次

数，以延长其使用寿命。

⑥ 工件结束后，应将吸盘台面擦净。

5. 工件在电器吸盘上的装卸方法

① 将工件基准面擦干净，修去表面毛刺，然后将基准面放到电磁吸盘上。

② 转动充退磁选择按钮开关至"通磁"位置，使工件被吸住。

③ 工件加工完毕，将充退磁选择按钮开关拨至"退磁"位置，退去工件的剩磁，然后取下工件。

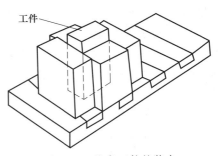

图 2-53　狭高工件的装夹

二、平行面磨削

1. 平面磨削的方法

以卧轴矩台平面磨床为例，平面磨削的常用方法有以下几种。

（1）横向磨削法　横向磨削法是最常用的一种磨削方法，如图 2-54 所示。磨削时，当工作台纵向行程终了时，砂轮主轴作一次横向进给。这时砂轮所磨削的金属层厚度就是实际背吃刀量，磨削宽度等于横向进给量。将工件上第一层金属磨去后，砂轮重新作垂向进给，直至切除全部余量为止，这种方法称为横向磨削法。

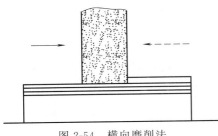

图 2-54　横向磨削法

横向磨削法因其磨削接触面积小，发热较小，排屑、冷却条件好，砂轮不易堵塞，工件变形小，因而容易保证工件的加工质量。但生产效率较低，砂轮磨损不均匀，磨削时须注意磨削用量和砂轮的正确选择。

① 磨削用量的选择　一般粗磨时，横向进给量可选择（0.1～0.4）B/双行程（B 为砂轮宽）；垂直进给量可选择 0.015～0.03mm；精磨时，横向进给量可选择（0.05～0.1）B/双行程，垂直进给量为 0.005～0.01mm。

② 砂轮的选择　一般用平形砂轮，陶瓷结合剂。由于平面磨削时砂轮与工件的接触弧比圆磨削大，所以砂轮的硬度应比外圆磨削时稍低些，粒度更大些。

（2）深度磨削法　深度磨削法又称切入磨削法，如图 2-55 所示。其磨削特点是：纵向进给速度低，砂轮通过数次垂向进给，将工件大部分或全部余量磨去，然后停止砂轮垂直进给，磨头作手动横向微量进给，直至把工件整个表面的余量全部磨去，如图 2-55（a）所示。

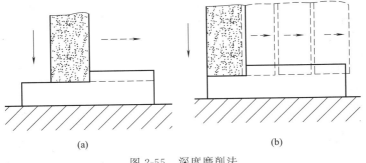

(a)　　　　　　　　　　　　(b)

图 2-55　深度磨削法

磨削时，也可通过分段磨削，把工件整个表面余量全部磨去，如图 2-55（b）所示。

为了减小工件表面粗糙度值，用深度磨削法磨削时，可留少量精磨余量，一般为 0.05mm 左右，然后改用横向磨削法将余量磨去。此方法能提高生产效率，因为粗磨时的垂向进给量和横向进给量都较大，缩短了机动时。一般适用于功率大、刚度好的磨床磨削较大型工件，磨削时须注意装夹紧固，且供应充足的切削液冷却。

（3）台阶磨削法　它是根据工件磨削余量的大小，将砂轮修整成阶梯形，使其在一次垂

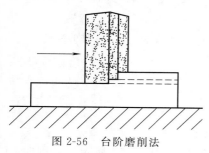

图 2-56　台阶磨削法

向给中磨去全部余量，如图 2-56 所示。砂轮的台阶数目按磨削余量的大小确定，用于粗磨的各阶梯长度和深度相同，其长度和一般不大于砂轮宽度的 1/2，每个阶梯的深度在 0.05mm 左右，砂轮的精磨台阶（即最后一个台阶）的深度等于精磨余量（0.02～0.04mm）。用台阶磨削法加工时，由于磨削用量较大，为了保证工件质量和提高砂轮的使用寿命，横向进给应缓慢一些。

台阶磨削法生产效率较高，但修整砂轮比较麻烦，且机床须具有较高的刚度，所以在应用上受到一定的限制。

2. 平行面工件的精度检验

（1）平面度的检验方法

① 透光法　即用样板平尺测量，一般选用刀刃式尺（又叫直刃尺）测量平面度，如图 2-57 所示。检验时，将平尺垂直放在被测平面上，刃口朝下，对着光源，观看刃口与平面之间缝隙的透光情况，以判断平面的平面度误差。

② 着色法　在工件的平面上涂一层很薄的显示剂（红印油等），将工件放到测量平上，使涂显示剂的平面与平板接触，然后双手扶住工件，在平板上平稳地移动（呈 8 字形移动）。移动数次后，取下工件观察平面上摩擦痕迹的分布情况，以确定平面度误差。

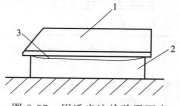

图 2-57　用透光法检验平面度
1—样板平尺；2—工件；3—缝隙

（2）平行度的检验方法

① 用千分尺测量工件相隔一定距离的厚度，若干点厚度的最大差值即工件的平行度误差，如图 2-58 所示。测量点越多，测量值越精确。

② 用杠杆式百分表在平板上测量工件的平行度，如图 2-59 所示。将工件和杠杆式表架放在测量平板上，调整表杆，使杠杆表的表头接触工件平面（约压缩 0.1mm），然后移动表架，使百分表的表头在工件平面上均匀地滑过，则百分表的读数变动量就是工件的平行度误

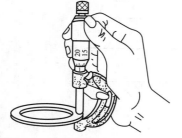

图 2-58　用千分尺测量工件平行度

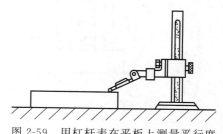

图 2-59　用杠杆表在平板上测量平行度

差。测量小型工件时，也可采用表架不动、工件移动的方法。

三、垂直面磨削

垂直面是指两表面成 90°的平面。工件在装夹时要保证相邻两平面的垂直度要求。

1. 垂直面的磨削

（1）用精密平口钳装夹磨削垂直平面

① 精密平口钳的结构　精密平口钳主要由底座 5、固定钳口 1、活动钳口 2、传动螺杆 3、捏手 4 等组成，如图 2-60 所示。固定钳口与底座制成一体，其各个侧面与底面互相垂直，钳口的夹紧面也与底面、侧面垂直。活动钳口可在燕尾轨上前后移动，把工件夹紧在钳口中。

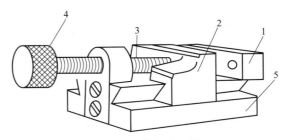

图 2-60　精密平口钳

1—固定钳口；2—活动钳口；3—螺杆；4—捏手；5—底座

② 用精密平口钳装夹磨削垂直平面　将工件装夹在精密平口钳上，先磨好一个面，再将平口钳翻转 90°磨另一个平面，如图 2-61 所示。

（2）用精密角铁装夹磨削垂直平面

① 精密角铁的结构　精密角铁是由两个相互垂直的工作平面组成，它们之间的垂直偏差一般在 0.005mm 之内。角铁的工作平面上有若干大小形状不同

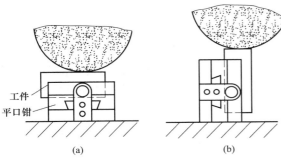

图 2-61　用精密平口钳装夹磨削垂直平面

的通孔或槽，以便于装夹工件，如图 2-62 所示。

② 用精密角铁装夹磨削垂直平面　工件以精加工过的定位基准面贴紧在角铁的垂直面上，用百分表找正后，用压板螺钉夹紧，然后进行磨削，如图 2-63 所示。

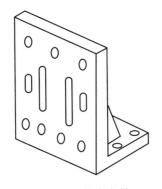

图 2-62　精密角铁

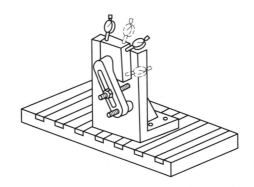

图 2-63　用精密角铁装夹并找正工件

2. 垂直面工件的精度检验

（1）用 90°角尺测量垂直度　测量小型工件的垂直度时，可直接把 90°角尺两个尺边接触工件的垂直平面。测量时，先使一个尺边贴紧工件一个平面，然后移动 90°角尺，使另一尺边逐渐靠近工件的另一平面，根据透光情况判断垂直度，如图 2-64 所示。

当工件尺寸较大或重量较重时，可以把工件与90°角尺放在平板上测量，90°角尺垂直放置，与平板垂直的尺边向工件的垂直平面靠近，根据角尺与工件平面的透光情况判断垂直度，如图2-65所示。

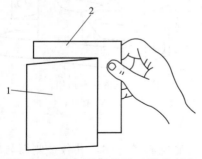

图2-64　用90°角尺检验工件垂直度
1—工件；2—90°角尺

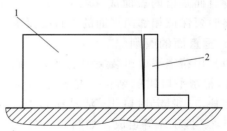

图2-65　在平板上检验工件垂直度
1—工件；2—90°角尺

（2）用90°圆柱角尺与塞尺测量垂直度

① 圆柱角尺的结构与精度要求　90°圆柱角尺是表面光滑的圆柱体。圆柱体直径与长度之比一般为1∶4；圆柱体的两端平面内凹，使90°圆柱角尺以约10mm宽度的圆环面与平板接触，以提高90°圆柱角尺的测量稳定性，如图2-66所示。90°圆柱角的精度要求很高，其表面粗糙度小于$Ra0.1\mu m$，圆柱度为0.002mm，与端面的垂直度误差小于0.002mm。

② 测量方法　把工件与90°圆柱角尺放到平板上，使工件贴紧90°圆柱角尺，观察透光位置和缝隙大小，选择合适的塞尺塞空隙，如图2-67所示。先选尺寸较小塞尺塞进空隙内，然后逐挡加大尺寸塞进空隙，直至塞尺塞不进空隙为止，则塞尺标注尺寸即为工件的垂直度误差值。

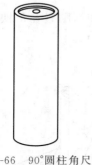

图2-66　90°圆柱角尺

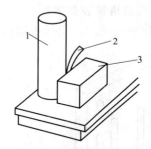

图2-67　用90°圆柱角尺与塞尺测量垂直度
1—90°圆柱角尺；2—塞尺；3—工件

（3）用百分表及测量圆柱棒测量垂直度　测量时，将工件放到平板上，并向圆柱棒靠平，百分表表头测到工件最高点；读出数值后，工件转向180°，将另一平面靠平圆柱棒，读出数值。两个数值差的1/2即为工件的垂直度误差值（测量时，要扣除工件本身平行度的误差值），如图2-68所示。

3. 容易产生的质量问题和注意事项

① 用平口钳装夹磨削垂直面，要注意平口钳本身精度的误差，使用前应检查平口钳底面、侧面和钳口是否有毛刺或硬点，如有应除去后才能使用。

② 用精密角铁装夹磨削垂直平面时，工件的重量和体积不能大于角铁的重量和体积。角铁上的定位高度应与工件厚度基本一致，压板压紧工件时受力要均匀，装夹要稳固。工件在未找正前，压板应压得松一些，以便于校正，但也不能太松，否则校正时工件容易从角铁上脱落下来。

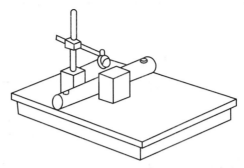

图 2-68　用百分表及测量圆柱棒测量垂直度

③ 磨削顺序不能颠倒，六面体工件磨削，一般先磨厚度最小的平行面，厚度较大的垂直平面，最后磨厚度最大的垂直平面，以保证磨削精度效率。

④ 对于没有倒角的六面体工件，在两平行面经过磨削后，要及时除去毛刺后再磨其他垂直平面，以防止由于毛刺影响工件的垂直度和平行度。

⑤ 在以小面为基准面，磨削厚度最大的平行面时，要注意安全。工件在吸盘台面上装夹位置应与工作台纵向平行，不能横过来装夹。工件被吸附的面积，少于纵向方位两侧高度的二分之一，应列为易翻倒工件。在工件的前面（磨削力方向）应加一块挡铁，挡铁的高度不得小于工件高度的三分之二。

案例教学

实例：凹模、凸模固定板上下两面的磨削加工

在模具零部件加工工艺中，凹模、凸模固定板的加工过程中均有磨上下两平面工序。以凹模为例，如图 2-69 所示。

1. 工艺准备

（1）阅读分析零件图　材料 Cr12MoV 钢，热处理淬火硬度为 60～64HRC，磨削的部位为尺寸为 16mm 的上下两面。厚度 16 的尺寸无严格要求，平行度公差图中虽未标注，但按模具行业惯例，其平行度公差应<0.015mm，磨削表面粗糙度为 $Ra1.6\mu m$。

（2）磨削工艺　采用横向磨削法，考虑到工件的平行度要求较高，应划分粗、精磨，分配好两面的磨削余量，并选择合适的磨削用量。平面磨削基准面的选择准确与否将直接影响工件的加工精度，其选择原则如下：

① 在一般情况下，应选择表面粗糙度值较小的面为基准面。

② 在磨大小不等的平行面时，应选择大面为基准，这样装夹稳固并有利于磨去较少余量达到平行度公差要求。

③ 在平行面有形位公差要求时，应选择工件形位公差较小的面或者有利于达到形位公差的面为基准面。

④ 根据工件的技术要求和前道工序的加工情况来选择基准面。

（3）工件的定位夹紧　用电磁吸盘装夹，装夹前要将吸盘台面和工件的毛刺、氧化层清除干净。

（4）选择砂轮　平面磨削应采用硬度软、粒度粗、组织疏松的砂轮。

（5）选择设备　在 M7120A 型卧轴矩台平面磨床上进行磨削操作。

2. 工件磨削步骤及注意事项

工件磨削步骤：

① 修整砂轮。

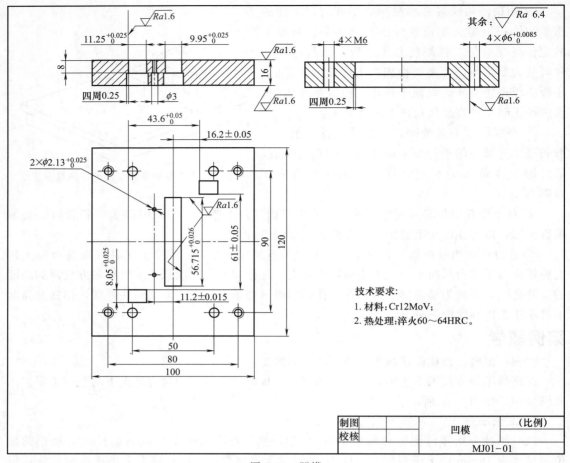

图 2-69　凹模

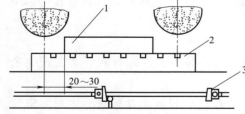

图 2-70　工作台行程距离的调整
1—工件；2—电磁吸盘；3—挡铁

② 检查磨削余量。批量加工时，可先将毛坯尺寸粗略测量一下，按尺寸大小分类，并按序排列在台面上。

③ 擦净电磁吸盘台面，清除工件毛刺、氧化皮。

④ 将工件装夹在电磁吸盘上，接通电源。

⑤ 启动液压泵，移动工作台行程挡铁位置，调整工作台行程距离，使砂轮跃出工件表面 20mm 左右。如图 2-70 所示。

⑥ 先磨凹模上表面，达到表面粗糙度为 $Ra1.6\mu m$ 以上。

⑦ 翻身装夹，装夹前清除毛刺。

⑧ 磨凹模下表面，达到表面粗糙度为 $Ra1.6\mu m$ 以上。

注意事项：

① 工件装夹时，应将定位面擦干净，以免脏物影响工件的平行度，划伤工件表面。

② 用滑板体砂轮修整器修整砂轮时，砂轮应离开工件表面，不能在磨削状态下修整砂轮。在工作台上用砂轮修整器修整砂轮时，要注意修整器高度的误差，在修整前和修整后均要及时调整磨头高度。工件装夹时，要留出砂轮修整器的安装位置，便于修整与装卸。

任务5 复杂模具零件的加工案例

说明：任务5的具体内容是，掌握模架的组成、工艺路线及加工过程；了解级进冲裁模凹模、型腔模、注射型腔模等的工艺路线及加工过程。通过这一具体任务的实施，能够了解复杂模具的加工。

知识点与技能点

1. 上下模座的加工。
2. 级进冲裁模凹模的加工。
3. 注射型腔模的加工。

案例教学

一、冷冲模模架的加工

模架是用来安装模具的工作零件和其他结构零件，并保证模具的工作部分在工作时间具有正确的相对位置。模架由上、下模座，导柱，导套组成。滑动导向的标准冷冲模模架结构如图2-71所示。

1. 上、下模座的加工

① 标准铸铁模座，如图2-72所示。

加工出的模座要保证模架的装配要求，使模架工作时上模座沿导柱上、下运动平稳，无滞阻现象，保证模具能正常工作。

② 模座上、下平面的平行度公差，如表2-17所示。

③ 上、下模座的加工工艺路线，如表2-18、表2-19所示。

表2-17 模座上、下平面的平行度公差

基本尺寸 /mm	公差等级		基本尺寸 /mm	公差等级	
	4	5		4	5
	公差值/mm			公差值/mm	
40～63	0.008	0.012	250～400	0.020	0.030
63～100	0.010	0.015	400～630	0.025	0.040
100～160	0.012	0.020	630～1000	0.030	0.050
160～250	0.015	0.025	1000～1600	0.040	0.060

表2-18 加工上模座的工艺路线

工序号	工序名称	工序内容及要求
1	备料	铸造毛坯
2	刨（铣）平面	刨（铣）上、下平面,保证尺寸50.8mm
3	磨平面	磨上、下平面达尺寸50mm;保证平面度要求
4	划线	划前部及导套安装孔线
5	铣前部	按线铣前部
6	钻孔	按线钻导套安装孔至尺寸$\phi43$mm
7	镗孔	和下模座重叠镗孔达尺寸$\phi45$H7,保证垂直度
8	铣槽	铣$R2.5$mm圆弧槽
9	检验	

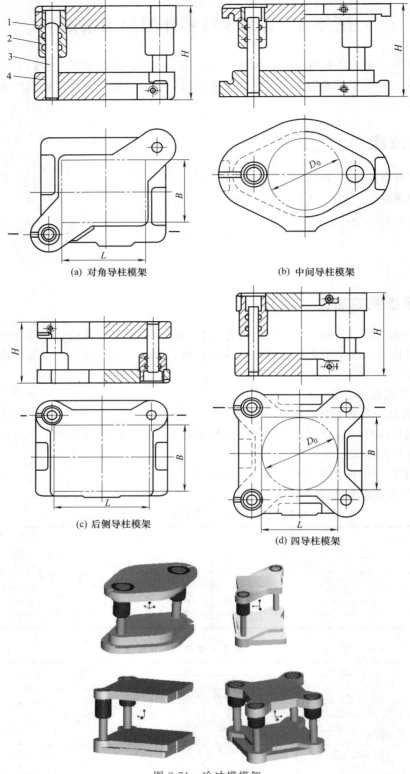

(a) 对角导柱模架　　　　　　　　(b) 中间导柱模架

(c) 后侧导柱模架

(d) 四导柱模架

图 2-71　冷冲模模架

1—上模座；2—导套；3—导柱；4—下模座

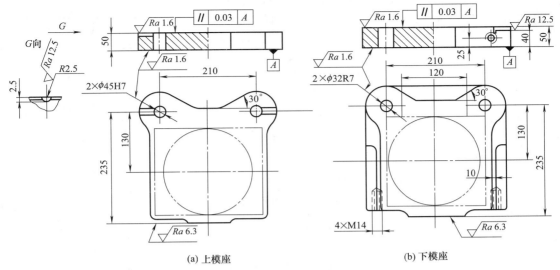

(a) 上模座　　　　　　(b) 下模座

图 2-72　冷冲模座

表 2-19　加工下模座的工艺路线

工序号	工序名称	工序内容及要求
1	备料	铸造毛坯
2	刨(铣)平面	刨(铣)上、下平面,保证尺寸 50.8mm
3	磨平面	磨上、下平面达尺寸 50mm;保证平面度要求
4	划线	划前部、导柱孔线及螺纹孔线
5	铣床加工	按线铣前部,铣两侧压紧面达尺寸
6	钻床加工	钻导柱孔至尺寸 $\phi 30$mm,钻螺纹底孔,攻螺纹
7	镗孔	和上模座重叠镗孔达尺寸 $\phi 32R7$,保证垂直度
8	检验	

2. 导套的加工

导套的加工工艺路线见表 2-20。

（1）导套加工的定位基准选择　导套加工时正确选择定位基准,以保证内外圆柱面的同轴度要求。

① 单件生产时,采用一次装夹磨出内外圆,可避免由于多次装夹带来的误差。但每磨一件需重新调整机床。

② 批量加工时,可先磨内孔,再把导套装在专门设计的锥度（1/5000～1/1000,60HRC 以上）芯轴上,以芯轴两端的中心孔定位,磨削外圆柱面,如图 2-73 所示。

（2）导套的研磨加工　为了进一步提高被加工表面的质量,以达图纸要求,一般需将导套研磨,导套研磨工具如图 2-74 所示。

磨削和研磨导套时常见的缺陷——"喇叭口"如图 2-75 所示。

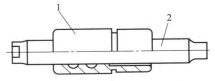

图 2-73　用小锥度芯轴安装导套
1—导套；2—芯轴

表 2-20　导套的加工工艺路线

工序号	工序名称	工序内容	设备
1	下料	按尺寸 φ52mm×115mm 切断	锯床
2	车外圆及内孔	车端面保证长度 113mm 钻 φ32mm 孔至 φ30mm 车 φ45mm 外圆至 φ45.4mm 倒角 车 3×1 退刀槽至尺寸 镗 φ32mm 孔至 φ31.6mm 镗油槽 镗 φ32mm 孔至尺寸 倒角	卧式车床
3	车外圆 倒角	车 φ48mm 的外圆至尺寸 车端面保证长度 110mm 倒内外圆角	卧式车床
4	检验		
5	热处理	按热处理工艺进行,保证渗碳层深度 0.8～1.2mm,硬度 58～62HRC	
6	磨内外圆	磨 45mm 外圆达图样要求 磨 32mm 内孔,留研磨量 0.01mm	万能外圆磨床
7	研磨内孔	研磨 φ32mm 孔达图样要求 研磨圆弧	卧式车床
8	检验		

图 2-74　导套研磨工具

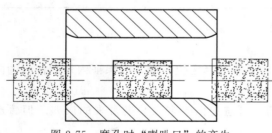

图 2-75　磨孔时"喇叭口"的产生

3. 导柱的加工

导柱在模具中起导向作用,并保证凸模和凹模在工作时具有正确的相对位置,保证模架的活动部分运动平稳、无阻滞现象。冷冲模标准导柱和导套如图 2-76 所示。导柱的加工工艺路线见表 2-21。

(1) 中心孔的圆度误差　导柱加工,外圆柱面的车削和磨削以两端的中心孔定位,使设计基准与工艺基准重合。若中心孔有较大的同轴度误差,将使中心孔和顶尖不能良好接触,影响加工精度,如图 2-77 所示。

(2) 修正中心孔方法

① 车床用磨削方法修正中心孔,如图 2-78 所示。

② 挤压中心孔的硬质合金多棱顶尖如图 2-79 所示。

导柱在热处理后修正中心孔,在于消除中心孔在热处理过程中可能产生的变形和其他缺陷。

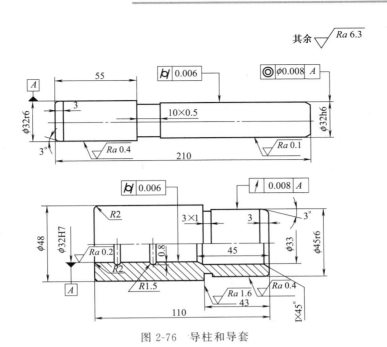

图 2-76　导柱和导套

表 2-21　导柱的加工工艺路线

工序号	工序名称	工 序 内 容	设 备
1	下料	按尺寸 φ35mm×215mm 切断	锯床
2	车端面钻中心孔	车端面保证长度 212.5mm 钻中心孔 调头车端面保证 210mm 钻中心孔	卧式车床
3	车外圆	车外圆至 φ32.4mm 切 10mm×0.5mm 槽到尺寸 车端部 调头车外圆至 φ32.4mm 车端部	卧式车床
4	检验		
5	热处理	按热处理工艺进行,保证渗碳层深度 0.8～1.2mm, 表面硬度 58～62HRC	
6	研中心孔	研中心孔 调头研另一端中心孔	卧式车床
7	磨外圆	磨 φ32h6 外圆留研磨量 0.01mm 调头磨 φ32r4 外圆到尺寸	外圆磨
8	研磨	研磨外圆 φ32h6 达要求 抛光圆角	卧式车床
9	检验		

二、冲裁凸凹模零件的加工（见图 2-80）

1. 工艺性分析

如图 2-80 所示,冲裁凸凹模零件是完成制件外形和两个圆柱孔的工作零件,从零件图上可以看出,该成形表面的加工,采用“实配法”,外成形表面是非基准外形,它与落料凹模的实际尺寸配制,保证双面间隙为 0.06 mm;凸凹模的两个冲裁内孔也是非基准孔,与冲孔凸模的实际尺寸配间隙。

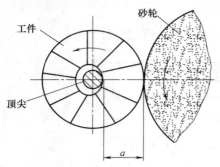

图 2-77　中心孔的圆度误差使工件产生圆度误差

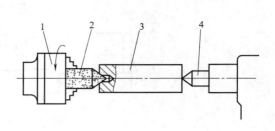

图 2-78　磨中心孔

1—三爪自定心卡盘；2—砂轮；3—工件；4—尾顶尖

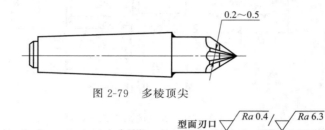

图 2-79　多棱顶尖

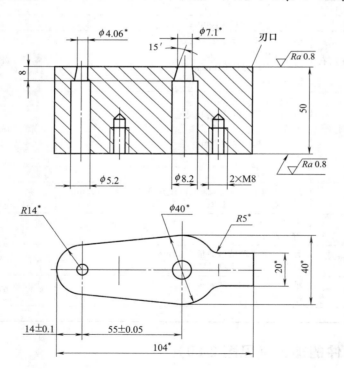

零件名称:凸凹模材料Cr6WV 58～62HRC

*尺寸与凸模和凹模实际尺寸配制保证双面间隙0.06mm

说明:该模具的凹模与凸模分别加工到该图所示的基本尺寸

图 2-80　冲裁凸凹模

该零件的外形表面尺寸是 $104\text{mm} \times 40\text{mm} \times 50\text{mm}$。成形表面是外形轮廓和两个圆孔。结构表面是用于紧固的两个 M8mm 的螺纹孔。凸凹模的外成形表面分别由 $R14\text{mm}$、$\phi40\text{mm}$、$R5\text{mm}$ 的五个圆弧面和五个平面组成，形状比较复杂。该零件是直通式的。外成形表面的精加工可以采用成形磨削的方法。该零件的底面还有两个 M8mm 的螺纹孔，可供成形磨削夹紧固定用。凸凹模零件的两个内成形表面为圆锥形，带有 $15'$ 的斜度，在热处理前可以用非标准锥度铰刀铰削，在热处理后进行研磨，保证冲裁间隙。因此，应该进行二级工具锥度铰刀的设计和制造。如果具有切割斜度的线切割机床，两内孔可以在线切割机床上加工。

凸凹模零件材料为 Cr6WV 高强度微变形冷冲压模具钢。热处理硬度 $58\sim62\text{HRC}$。Cr6MV 材料易于锻造，共晶碳化物数量少。有良好的切削加工性能，而且淬水后变形比较均匀，几乎不受锻件质量的影响。它的淬透性和 Cr12 系钢相近。它的耐磨性、淬火变形均匀性不如 Cr12MoV 钢。

2. 工艺方案

根据一般工厂的加工设备条件，可以采用两个方案：

方案一：备料—锻造—退火—铣六方—磨六面—钳工划线作孔—镗内孔及粗铣外形—热处理—研磨内孔—成形磨削外形。

方案二：备料—锻造—退火—铣六方—磨六面—钳工作螺孔及穿丝孔—电火花线切割内外形。

3. 工艺过程的制订

采用第一工艺方案（见表 2-22）。

表 2-22　工艺方案

序号	工序名称	工序主要内容
1	下料	锯床下料，$\phi56\text{mm} \times 117^{+4}_{0}\text{mm}$
2	锻造	锻造 $110\text{mm} \times 45\text{mm} \times 55\text{mm}$
3	热处理	退火，硬度 $\leqslant241\text{HB}$
4	立铣	铣六方 $104.4\text{mm} \times 50.4\text{mm} \times 40.3\text{mm}$
5	平磨	磨六方，对 $90°$
6	钳工	划线，去毛刺，做螺纹孔
7	镗削	镗两圆孔，保证孔距尺寸，孔径留 $0.1\sim0.15\text{mm}$ 的余量
8	钳工	铰圆锥孔留研磨量，做漏料孔
9	工具铣	按线铣外形，留双边余量 $0.3\sim0.4\text{mm}$
10	热处理	淬火，回火，$58\sim62\text{HRC}$
11	平磨	光上下面
12	钳工	研磨两圆孔，（车工配制研磨棒）与冲孔凸模实配，保证双面间隙为 0.06mm

图 2-81 是几种典型的冲裁凹模的结构。这些冲裁凹模的工作内表面，用于成形制件外形，都有锋利刃口将制件从条料中切离下来，此外还有用于安装的基准面，定位用的销孔和紧固用的螺钉孔，以及用于安装其他零部件用的孔、槽等。因此在工艺分析中如何保证刃口的质量和形状位置的精度是至关重要的。

对于图 2-81（a）的圆凹模其典型工艺方案是：备料→锻造→退火→车削→平磨→划线→钳工（螺孔及销孔）→淬火→回火→万能磨内孔及上端面→平磨下端面→钳工装配。

对于图 2-81（b）的整体复杂凹模其工艺方案与简单凹模有所不同，具体为：备料→锻造→退火→刨六面→平磨→划线→铣削→钳工（钻各孔及中心工艺孔）→淬火→回火→平磨→数控线切割→钳工研磨。

如果没有电火花线切割设备，其工艺可按传统的加工方法：即先用仿形刨或精密铣床等设备将凸模加工出来，用凸模在凹模坯上压印，然后借助精铣和钳工研配的方法来加工凹模。其方案为：刨削→平磨→划线→钳压印→精铣内形→钳修至成品尺寸→淬火回火→平磨→研磨抛光。

对于图 2-81 （c）的组合凹模，常用于汽车等大型覆盖件的冲裁。对大型冲裁模的凸、凹模因其尺寸较大（在 800mm×800mm 以上），在加工时如没有大型或重型加工设备（锻压机、加热炉、机床等），可采用将模具分成若干小块，以便采用现有的中小设备来制造，分块加工完毕后再进行组装。

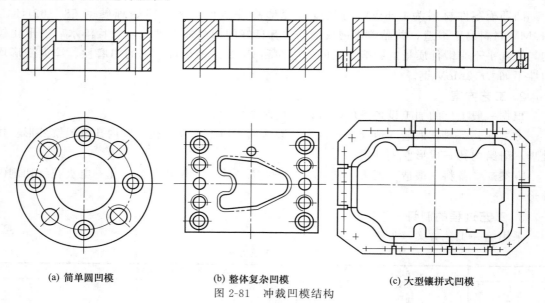

(a) 简单圆凹模　　　(b) 整体复杂凹模　　　(c) 大型镶拼式凹模

图 2-81　冲裁凹模结构

三、级进冲裁模凹模（见图 2-82）

1. 工艺性分析

如图 2-82 所示，该零件是级进冲裁模的凹模，采用整体式结构，零件的外形表面尺寸是 120mm×80mm×18mm，零件的成形表面尺寸是三组冲裁凹模型孔，第一组是冲定距孔和两个圆孔，第二组是冲两个长孔，第三组是一个落料型孔。这三组型孔之间有严格的孔距精度要求，它是实现正确级进和冲裁，保证产品零件各部分位置尺寸的关键。再就是各型孔的孔径尺寸精度，它是保证产品零件尺寸精度的关键。这部分尺寸和精度是该零件加工的关键。结构表面包括螺纹连接孔和销钉定位孔等。

该零件是这副模具装配和加工的基准件，模具的卸料板、固定板，模板上的各孔都和该零件有关，以该零件型孔的实际尺寸为基准来加工相关零件各孔。

零件材料为 MnCrWV，热处理硬度 60～64HRC。零件毛坯形式为锻件，金属材料的纤维方向应平行于大平面与零件长轴方向垂直。

零件各型孔的成形表面加工，在进行淬火之后，采用电火花线切割加工，最后由模具钳工进行研抛加工。型孔可在投影仪或工具显微镜上检查，小孔应作二级工具光面量规进行检查。

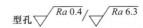

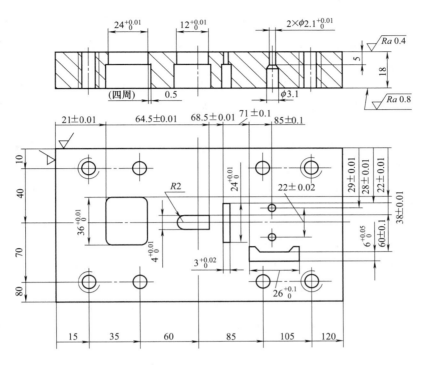

名称:凹模 材料:MnCrWV 热处理60～64HRC

图 2-82 级进冲裁凹模

2. 工艺过程的制订 （见表 2-23）

表 2-23 工艺方案

序号	工序名称	工序主要内容
1	下料	锯床下料,ϕ56mm×105mm
2	锻造	锻六方 125mm×85mm×23mm
3	热处理	退火,硬度≤229HBS
4	立铣	铣六方,120mm×80mm×18.6mm
5	平磨	光上下面,磨两侧面,对 90°
6	钳工	倒角去毛刺,划线,做螺纹孔及销钉孔
7	工具铣	钻各型孔线切割穿丝孔,并铣漏料孔
8	热处理	淬火,回火 60～64HRC
9	平磨	磨上下面及基准面,对 90°
10	线切割	找正,切割各型孔留研磨量 0.01～0.02mm
11	钳工	研磨各型孔

3. 漏料孔的加工

冲裁漏料孔是在保证型孔工作面长度基础上，减小落料件或废料与型孔的摩擦力。关于漏料孔的加工主要有三种方式。首先是在零件淬火之前，在工具铣床上将漏料孔铣削完毕。这在模板厚度≥50mm 以上的零件中尤为重要，是漏料孔加工首先考虑的方案。其次是电火花加工法，在型孔加工完毕，利用电极从漏料孔的底部方向进行电火花加工。最后是浸蚀法，利用化学溶液，将漏料孔尺寸加大。一般漏料孔尺寸比型孔尺寸单边大 0.5mm 即可。

四、塑料模型孔板、型腔板零件的加工

塑料模型孔板、型腔板系指塑料模具中的型腔凹模、定模（型腔）板、中间（型腔）板、动模（型腔）板、压制瓣合模，哈夫型腔块以及带加料室压模等，图2-83为塑料模型孔板、型腔板的各种结构。

上述各种零件形状千差万别，工艺不尽相同，但其共同之处都具有工作型腔、分型面、定位安装的结合面，确保这些部位的尺寸和形位精度、粗糙度等技术要求将是工艺分析的重点。

图2-83（a）是一压缩模中的凹模，其典型工艺方案为：备料→车削→调质→平磨→镗导柱孔→钳工制各螺孔或销孔。如果要求淬火，则车削、镗孔均应留磨加工余量，于是钳工后还应有淬火回火→万能磨孔、外圆及端面→平磨下端面→坐标磨导柱孔及中心孔→车抛光及型腔 R→钳研抛→试模→氮化（后两工序根据需要）。

图2-83（b）是注射模的中间板，其典型工艺方案可为：备料→锻造→退火→刨六面→钳钻吊装螺孔→调质→平磨→划线→镗铣四型腔及分浇口→钳预装（与定模板、动模板）→配镗上下导柱孔→钳工拆分→电火花型腔（型腔内带不通型槽，如果没有大型电火花机床则应在镗铣和钳工两工序中完成）→钳工研磨及抛光。

图2-83（c）是一带主流道的定模板，其典型工艺路线可在锻、刨、平磨、划线后进行车制型腔及主浇道口→电火花型腔（或铣制钳修型腔）→钳预装→镗导柱孔→钳工拆分、配研、抛光。

图2-83（d）为一动模型腔板，它也是在划线后立铣型腔粗加工及侧芯平面→精铣（或插床插加工）型腔孔→钳工预装→配镗导柱孔→钳工拆分→钻顶件杆孔→钳研磨抛光。

对于大型板类的下料，可采用锯床下料。其中 H-1080 模具坯料带式切割机床，精度好效率高，可切割工件直径 1000mm、重 3.5t、宽高为 1000mm×800mm 的坯料，切口尺寸仅为 3mm，坯料是直接从锻轧厂提供的退火状态的模具钢，简化了锻刨等工序，缩短了生产周期。此外许多复杂型腔板采用立式数控仿形铣床（MCP1000A）来加工，使制模精度得到较大提高，劳动生产率和劳动环境明显改善。

在塑料模具中的侧抽芯机构，如压制模中的瓣合模、注射模中的哈夫型腔块等。图2-83（e）为压注模的瓣合模，其工艺比较典型，工序流程大致为：

① 下料：按外径最大尺寸加大 10～15mm 作加工余量；长度加长 20～30mm 作装夹用。

② 粗车：外形及内形单面均留 3～5mm 加工余量。并在大端留夹头 20～30mm 长，其直径大于大端成品尺寸。

③ 划线：划中心线及切分处的刃口线，刃口≤5mm 宽。

④ 剖切两瓣：在平口钳内夹紧、两次装夹剖切开，采用卧式铣床（如 X62W）用盘铣刀。

⑤ 调质：淬火高温回火及清洗。

⑥ 平磨：两瓣结合面。

⑦ 钳工：划线、钻两销钉孔并铰孔、配销钉及锁紧两瓣为一个整体。如果形体上不允许有锁紧螺孔，可在夹头上或顶台上（按需要留顶台）钻锁紧螺孔。

⑧ 精车：内外形，单面留 0.2～0.25mm 加工余量。

⑨ 热处理：淬火、回火、清洗。

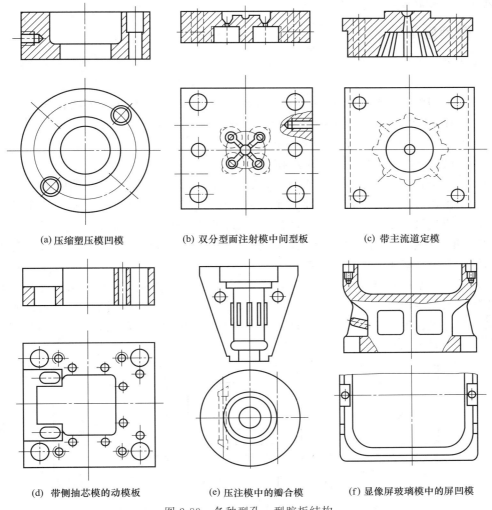

(a) 压缩塑压模凹模　　　(b) 双分型面注射模中间型板　　　(c) 带主流道定模

(d) 带侧抽芯模的动模板　　　(e) 压注模中的瓣合模　　　(f) 显像屏玻璃模中的屏凹模

图 2-83　各种型孔、型腔板结构

⑩ 万能磨内外圆或内圆磨孔后配芯轴再磨外圆、靠端面，外形成品，内形留 0.01～0.02mm 的研磨量。

⑪检验。

⑫切掉夹头：在万能工具磨床上用片状砂轮将夹头切掉，并磨好大端面至成品尺寸。

⑬钳工拆分成两块。

⑭电火花加工内形不通型槽等。

⑮钳研及抛光。

图 2-83（f）为一显像屏玻璃模中的屏凹模，常采用铸造成形工艺，其工艺方案为：模型→铸造→清砂→去除浇冒口→完全退火→二次清砂→缺陷修补及表面修整→钳工划线及加工起吊螺孔→刨工粗加工→时效处理→机械精加工→钳工→电火花型腔→钳工研磨抛光型腔。

由于铸造工序冗长，加之铸造缺陷修补有时不理想，因此一般中型型腔模和拉深模应尽可能采取锻造钢坯料加工或采用镶拼工艺加工。型腔模在编制工艺时，为确保制造过程中型孔尺寸和截形的控制检验，因此工艺员应设计一些必需的检具（二类工具），如槽宽样板、深度量规、R 型板等。

五、凹模型腔零件加工

凹模零件加工中，最重要的加工是型腔的加工，不同的型腔形状，所选择的加工方法也不一样。

（1）圆形型腔　当型腔如图 2-84（a）是圆形的，经常采用的加工方法有以下几种：

① 当凹模形状不大时，可将凹模装夹在车床花盘上进行车削加工。

② 采用立式铣床配合回转式夹具进行铣削加工。

③ 采用数控铣削或加工中心进行铣削加工。

（2）矩形型腔　当型腔是比较规则的矩形，如图 2-84（b）所示。当图中圆角 R 能由铣刀直接加工出，可采用普通铣床，将整个型腔铣出。如果圆角为直角或 R 无法由铣刀直接加工出时，应先采用铣削，将型腔大部分加工出，再使用电火花机床，由电极将 4 个直角或小 R 加工出。当然，也可由钳工修配出，但一般不采用这种方法，而应尽量采用各种加工设备和加工手段来解决，以保证精度。

（3）异型复杂形状型腔　当型腔为异形复杂形状，如图 2-84（c）所示。此时一般的铣削无法加工出复杂形面，必须采用数控铣削或加工中心铣削型腔，当采用数控铣削时，由于数控加工综合了各种加工，所以工艺过程中有些工序，如钻孔、攻螺纹等都可由数控加工在一次装夹中一起完成。

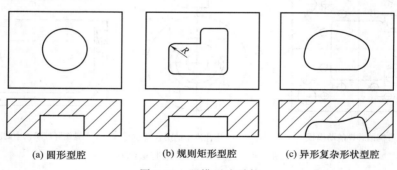

(a) 圆形型腔　　　　(b) 规则矩形型腔　　　　(c) 异形复杂形状型腔

图 2-84　凹模型腔零件

（4）有薄的侧槽型腔　当型腔中有薄的侧槽时，如图 2-85 所示。此时由铣削或数控铣削加工出侧槽以外的型腔，然后用电极加工出侧槽。

（5）底部有孔的型腔　当型腔底部有孔时，如图 2-86 所示。先加工出型腔，底部的孔如果是圆形，可用铣床直接加工，或先钻孔，再加坐标磨削。当底部型孔是异形时，只能先在粗加工阶段，钻好预孔，再由线切割割出。如果是不通孔，且孔径小的话，只能由电火花来加工了。

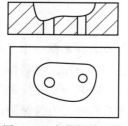

图 2-85　有薄侧槽型腔

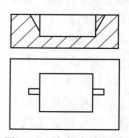

图 2-86　底部有孔型腔

（6）型腔是镶拼的　镶拼零件的制造类似型芯的加工，凹模上的安装孔的加工，可由铣削、磨削和电火花、线切割加工。

（7）型腔淬火后　当型腔需要热处理淬火时，由于热处理会引起工件的变形，型腔的精加工应放在热处理工序之后，又因为工件经过热处理后硬度会大大提高，一般切削加工比较困难，此时应选择磨削、电火花、线切割等加工手段。

六、塑料模型芯零件

1. 工艺性分析

如图 2-87 所示，该零件是塑料模的型芯，从零件形状上分析，该零件的长度与直径的比例超过 5:1，属于细长杆零件，但实际长度并不长，截面主要是圆形，在车削和磨削时应解决加工装卡问题，在粗加工车削时，毛坯应为多零件一件毛坯，既方便装夹，又节省材料。图 2-88 (a) 所示为反顶尖结构，适用于外圆直径较小、长度较大的细长杆凸模、型芯类零件，$d < 1.5mm$ 时，两端做成 60° 的锥形顶尖，在零件加工完毕后，再切除反顶尖部分。图 2-88 (b) 是加辅助顶尖孔结构，两端顶尖孔按 GB 145 要求加工，适用于外圆直径较大的情况，$d \geqslant 5mm$ 时，工作端的顶尖孔，根据零件使用情况决定是否加长，当零件不允许保留顶尖孔时，在加工完毕后，再切除附加长度和顶尖孔。图 2-88 (c) 是加长段在大端的作法，介于前两种之间，细长比不太大的情况。

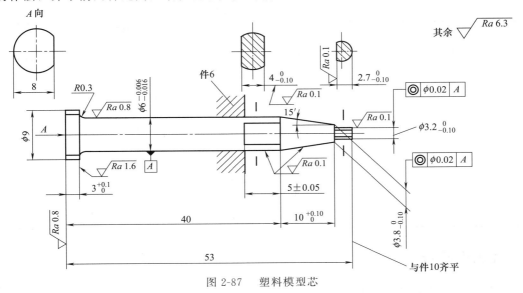

图 2-87　塑料模型芯

零件名称：型芯；材料：CrWMn；热处理 45～50HRC；数量：20 件；$Ra0.1\mu m$，表面镀铬抛光 $\delta0.015mm$

该零件是细长轴，材料是 CrWMn，热处理硬度 45～50HRC，零件要求进行淬火处理。从零件形状和尺寸精度看，加工方式主要是车削和外圆磨削，加工精度要求在外圆磨削的经济加工范围之内。零件要求有脱模斜度，也在外圆磨削时一并加工成形。另外，外圆几处磨扁处，在工具磨床上完成。

该零件为细长轴类，在热处理时，不得有过大的弯曲变形，弯曲翘曲控制在 0.1mm 之内。塑料模型芯等零件的表面，要求耐磨耐腐蚀，成形表面的表面粗糙度能长期保持不变，在长期 250℃ 工作时表面不氧化，并且要保证塑件表面质量要求和便于脱模。因此要求淬硬，成形表面 $Ra0.1\mu m$，并进行镀铬抛光处理。因此该零件成形表面在磨削时保持表面粗

糙度为 $Ra0.4\mu m$ 基础上，进行抛光加工，在模具试压后进行镀铬抛光处理。

零件毛坯形式，采用圆棒型材料，经下料后直接进行机械加工。该型芯零件一模需要 20 件，在加工上有一定的难度，根据精密磨削和装配的需要，为了保证模具生产进度，在开始生产时就应制作一部分备件，这也是模具生产的一个特色。在模具生产组织和工艺上都应充分考虑，总加工数量为 24 件，备件 4 件。

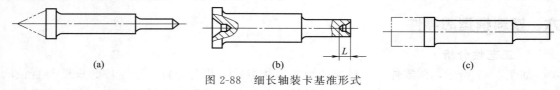

图 2-88　细长轴装卡基准形式

2. 工艺方案

一般中小型凸模加工的方案为：备料→粗车（普通车床）→热处理（淬火、回火）→检验（硬度、弯曲度）→研中心孔或反顶尖（车床、台钻）→磨外圆（外圆磨床、工具磨床）→检验→切顶台或顶尖（万能工具磨床、电火花线切割机床）→研端面（钳工）→检验。

3. 工艺过程

材料：CrWMn，零件总数量 24 件，其中备件 4 件。毛坯形式为圆棒料，8 个零件为一件毛坯。见表 2-24。

表 2-24　工艺方案

序号	工序名称	工序主要内容
1	下料	圆棒料 $\phi12mm\times550mm$，3 件
2	车削	按图车削，$Ra0.1\mu m$ 及以下表面留双边余量 $0.3\sim0.4mm$，两端在零件长度之外做反顶尖
3	热处理	淬火、回火：$40\sim45HRC$，弯曲 $\leqslant0.1mm$
4	车削	研磨反顶尖
5	外圆磨床	磨削 $Ra1.6\mu m$ 及以下表面，尺寸磨至中限范围，$Ra0.4\mu m$
6	外圆磨床	抛光 $Ra0.1\mu m$ 外圆，达图样要求
7	线切割	切去两端反顶尖
8	工具磨床	磨扁 $2.7_{-0.10}^{\ 0}$ mm、$4_{-0.10}^{\ 0}$ mm 至中限尺寸以及尺寸 $8mm$
9	钳	抛光 $Ra0.1\mu m$ 两扁处
10	钳	模具装配（试压）
11	电镀	试压后 $Ra0.1\mu m$ 表面镀铬
12	钳工	抛光 $Ra0.1\mu m$ 表面

七、注射型腔模

如图 2-89 所示为注射型腔模。

1. 加工工艺过程（见表 2-25）

表 2-25　工艺方案

工序	工序内容
工序 1	下料
工序 2	锻：锻成 $\phi48\times100$
工序 3	热处理：退火
工序 4	车：车外圆 $\phi44$ 达尺寸；车退刀槽 2×2；车外圆 $\phi40$，留磨量 0.5mm；车右端面，留 $8_{\ 0}^{+0.015}$ 磨量 0.2mm；钻孔达 $\phi7$，铰孔 $\phi8$，留磨量 0.3mm；扩 $\phi25.1$，镗 $\phi25.1$ 及孔底，各留磨量 0.5mm 和 0.2mm（孔深度镗至 18.0mm）；切断；掉头车左端，留磨量 0.2mm；锪 $\phi10$ 孔
工序 5	坐标镗：以外圆为基准找正，钻、铰 $2\times\phi4_{\ 0}^{+0.012}$，留磨量 0.01mm
工序 6	处理：淬火并回火达 $50\sim55HRC$

续表

工序	工 序 内 容
工序 7	内圆磨：以外圆 $\phi40$ 为基准，磨 $\phi8_0^{+0.015}$ 孔达图样要求；磨 $\phi25_0^{+0.03}$ 孔留研量 0.015mm；磨孔底及 $R0.5$，留研量 0.010mm（孔深度磨至 18.19mm）
工序 8	外圆磨：以内孔 $\phi8_0^{+0.015}$ 定位，穿专用芯轴，磨外圆 $\phi40_{+0.008}^{+0.024}$，达图样要求
工序 9	钳工研磨 $2\times\phi4_0^{+0.012}$ 孔达图样要求；研磨 $\phi25.1_0^{+0.03}$ 孔底及 $R0.5$ 达图样要求
工序 10	钳工装配

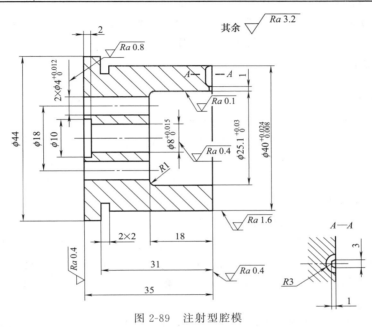

图 2-89　注射型腔模

材料：CrWMn；热处理：淬硬 50HRC；数量：2

2. 分析讨论

① 锻后的毛坯长度 100mm，除包括两件型腔的长度、端面加工余量外，还包括切断槽宽和车削第二件时夹持料头长度。

② 模具零件加工属单件生产，工序安排上采用工序集中的原则，所以车削各表面集中为工序 4，磨削各内表面也集中在工序 7。

③ 工序 10 钳装包括压装型腔、与型腔固定板一起磨两大面、磨分浇道和浇口。

任务 6　模具零件的研磨和抛光

说明：任务 6 的具体内容是，掌握研磨和抛光的相关知识，掌握手工抛光的相关知识，了解电化学抛光和超声波抛光。通过这一具体任务的实施，能够了解零件模具零件的光整加工。

知识点与技能点

1. 研磨和抛光。

2. 手工研磨抛光。

3. 电化学抛光和超声波抛光。

相关知识

一、概述

光整加工是以降低零件表面粗糙度，提高表面形状精度和增加表面光泽为主要目的的研磨和抛光加工，统称为光整加工。光整加工主要用于模具的成形表面，它对于提高模具寿命和形状精度，以及保证顺利成形都起着重要的作用。

二、研磨和抛光

1. 研磨的机理

研磨是使用研具、游离磨料对被加工表面进行微量加工的精密加工方法。其机理是在被加工表面和研具之间置以游离磨料和润滑剂，使被加工表面和研具之间产生相对运动并施以一定压力，磨料产生切削、挤压等作用，从而去除表面凸起处，使被加工表面精度提高、表面粗糙度降低。

2. 研磨的主要作用

（1）微切削作用　在研具和被加工表面作研磨运动时，在一定压力下，对被加工表面进行微量切削。在不同加工条件下，微量切削的形式不同。当研具硬度较低、研磨压力较大时，磨粒可镶嵌到研具上，产生刮削作用。这种方式有较高的研磨效率。当研具硬度较高时，磨粒不能嵌入研具，磨粒在研具和被加工表面之间滚动，以其锐利的尖角进行微切削。

（2）挤压塑性变形　钝化了的磨粒在研磨压力作用下，挤压被加工表面的粗糙凸峰，在塑性变形和流动中使凸峰趋向平缓和光滑，使被加工表面产生微挤压塑性变形。

（3）化学作用　当采用氧化铬、硬脂酸等研磨剂时，研磨削和被加工表面产生化学作用，形成一层极薄的氧化膜，这层氧化膜很容易被磨掉，而又不损伤材料基体。在研磨过程中，氧化膜不断迅速形成，又很快被磨掉，以此循环加快了研磨过程，使被加工表面的表面粗糙度降低。

3. 研磨特点

（1）尺寸精度高　研磨采用极细的磨粒，在低速、低压作用下，逐次磨掉表面的凸峰金属，并且加工热量少，被加工表面的变形和变质层很轻微，可稳定获得高精度面。

（2）形状精度高　由于微量切削，研磨运动轨迹复杂，并且不受运动精度的影响，因此可获得较高的形状精度。

（3）表面粗糙度低　在研磨过程中，磨粒的运动轨迹不重复，有利于均匀磨掉被加工表面的凸峰，从而降低表面粗糙度。

（4）表面耐磨性提高　由于研磨表面质量全面提高，使摩擦系数减小，并且使有效接触表面积增大，使耐磨性提高。

（5）耐疲劳强度提高　由于研磨表面存在着残余压应力，这种应力有利于提高零件表面的疲劳强度。

（6）不能提高各表面之间的位置精度。

（7）多为手工作业，劳动强度大。

4. 抛光机理及抛光的作用

抛光是一种比研磨更微磨削的精加工。研磨时研具较硬，其微切削作用和挤压塑性形作用较强，在尺寸精度和表面粗糙度两方面都有明显的加工效果。在抛光过程中也存在着微切削作用和化学作用。由于抛光所用研具较软，还存在塑性流动作用。这是由于抛光过程中的摩擦现象，使抛光接触点温度上升，引起热塑性流动。抛光的作用是进一步降低表面粗糙度，并获得光滑表面，但不提高表面的形状精度和位置精度。抛光后表面粗糙度可达 $Ra0.4\mu m$ 以下。

抛光在模具制作过程中是很重要的一道工序，也是收官之作，随着塑料制品的日益广泛应用，对塑料制品的外观品质要求也越来越高，所以塑料模具型腔的表面抛光质量也要相应提高，特别是镜面和高光高亮表面的模具对模具表面粗糙度要求更高，因而对抛光的要求也更高。抛光不仅增加工件的美观，而且能够改善材料表面的耐腐蚀性、耐磨性，还可以方便于后续的注塑加工，如使塑料制品易于脱模，减少生产注塑周期等。

5. 研磨抛光的分类

① 按研磨抛光过程中人参与的程度分为手工作业研磨抛光和机械设备研磨抛光。

② 按磨料在研磨抛光过程中的运动轨迹分为游离磨料研磨抛光和固定磨料研磨抛光。

③ 按研磨抛光的机理分为机械式研磨抛光和非机械式研磨抛光。

④ 按研磨抛光剂使用的条件分为湿研、干研、半干研。

6. 研磨抛光的加工要素

研磨和抛光的加工要素见表 2-26。

表 2-26　研磨和抛光的加工要素

项　目		内　　容
加工方式	驱动方式	手动、机动、数字控制
	运动形式	回转、往复
	加工面数	单面、双面
研具	材料	硬度(淬火钢、铸铁)软质(木材、塑料)
	表面状态	平滑、沟槽、孔穴
	形状	平面、圆柱面、球面、成型面
磨料	材料	金属氧化物、金属碳化物、氮化物、硼化物
	粒度	数十微米～$0.01\mu m$
	材质	硬度、韧性
研磨液	种类	油性、水性
	作用	冷却、润滑、活性化学作用
加工参数	相对运动	$1\sim100m/min$
	压力	$0.001\sim3.0MPa$
	时间	视加工条件而定
环境	温度	视加工要求而定、超精密型(20 ± 1)℃
	净化	视加工要求而定,超精密型(净化间 1000～100 级)

三、手工研磨抛光

1. 研磨抛光剂

研磨抛光剂主要有磨料、研磨抛光液。

（1）磨料　磨料的选择主要分为磨料的种类、磨料的粒度两个方面，常用磨料的种类见表 2-27；常用磨料的主要性能见表 2-28。

表 2-27 常用磨料及适用范围

系别	名称	代号	主要成分	显微硬度（HV）	颜色	特性	适用范围
氧化物系	棕刚玉	A	Al_2O_3 91%～96%	2200～2280	棕褐色	硬度高,韧性好,价格便宜	磨削碳钢、合金钢、可锻铸铁、硬青铜
	白刚玉	WA	Al_2O_3 97%～99%	2200～2300	白色	硬度高于棕刚玉,磨粒锋利,韧性差	磨削淬硬的碳钢、高速钢
	铬钢玉	PA	Al_2O_3 97.5%～98%	2200～2300	玫瑰红色	硬度略高于棕刚玉,韧性稍低,	磨削高碳钢,高速钢及其薄壁零件
碳化物系	黑碳化硅	C	SiC>95%	2840～3320	黑色带光泽	硬度高于刚玉,性脆而锋利,有良好的导热性和导电性	磨削铸铁、黄铜、铝及非金属
	绿碳化硅	GC	SiC>99%	3280～3400	绿色带光泽	硬度和脆性高于黑碳化硅,有良好的导热性和导电性	磨削硬质合金、宝石、陶瓷、光学玻璃、不锈钢
高硬磨料	立方氮化硼	CBN	立方氮化硼	8000～9000	黑色	硬度仅次于金刚石,耐磨性和导电性好,发热量小	磨削硬质合金、不锈钢、高合金钢等难加工材料
	人造金刚石	MBD	碳结晶体	10000	乳白色	硬度极高,韧性很差,价格昂贵	磨削硬质合金、宝石、陶瓷等高硬度材料

（2）研磨抛光液 研磨抛光液在研磨抛光过程中起着调和磨料、使磨料均匀分布和冷却润滑作用,通过改变磨料和研磨抛光液之间的比例来控制磨料在研磨抛光剂中的含量。常用研磨抛光液的选用,见表 2-29。

（3）研磨抛光膏

硬磨料研磨抛光膏：氧化铝,碳化硅,碳化硼,金刚石。

软磨料研磨抛光膏：氧化铝,氧化铁,氧化铬。

2. 研磨抛光工具

研磨抛光工具包括研具材料、普通油石、研磨平板、外圆研磨环、内圆研磨芯棒和研磨抛光辅助工具。

表 2-28 常用磨料的主要性能

磨料		显微硬度（HV）	抗弯强度/MPa	抗压强度/MPa	热稳定性/℃
氧化铝		1800～2450	87.2	757	1200
碳化硅		3100～3400	155	1500	1300～1400
碳化硼		4150～9000	300	1800	700～800
立体氮化硼		7300～9000	300	800～1000	1250～1350
金刚石	天然	8600～10600	210～490	2000	700～800
	人造		300		

表 2-29 常用研磨抛光液及其用途

工件材料		研磨抛光液
钢	粗研	煤油3份、全损耗系统用油1份,透平油或锭子油少量、轻质矿物油适量
	精研	全损耗系统用油
铸铁		煤油
铜		动物油（熟猪油与磨料拌成糊状,后加30倍煤油）、适量锭子油和植物油
淬火钢,不锈钢		植物油、透平油或乳化油
硬质合金		航空汽油

（1）研具材料　研具指研磨抛光时直接和被加工表面接触的研磨抛光工具。一般研具材料有低碳钢、灰铸铁、黄铜和紫铜，硬木、竹片、塑料、皮革；精密固定磨料研具材料有低发泡氨基甲酸，乙酯油石。

（2）普通油石　普通油石一般用于粗研磨，它由氧化铝、碳化硅磨料和黏结剂压制烧结而成。当被加工零件材料较硬时用较软的油石；当被加工零件材料较软时用较硬的油石；当被加工零件表面粗糙度要求较高时用的油石要细一些，组织要致密些。

（3）研磨平板　研磨平板的应用范围：主要用于单一平面及中小镶件端面的研磨抛光。

要求：研磨平板用灰铸铁材料，并在平面上开设相交成60°或90°，宽1～3mm，距离为15～20mm的槽，研磨抛光时在研磨平板上放些微粒和抛光液进行。

（4）外圆研磨环　外圆研磨环是在车床或磨床上对外圆表面进行研磨的一种研具。主要有固定式和可调式。固定式的研磨内径不可调，可调式的研磨内径可在一定范围内调节，以适应环磨外圆　不同或外圆变化的需要。

（5）内圆研磨芯棒　固定式的外径不可调节，芯棒外圆表面作有螺旋槽，以容纳研磨抛光剂。可调式的可借助锥形芯轴的锥面进行外圆直径的微量调节。

（6）研磨抛光辅助工具　研磨抛光辅助工具有电动往复式、电动直杆旋转式和电动弯头旋转式。

3. 研磨抛光工艺过程

研抛余量大小取决于零件尺寸、原始表面粗糙度、精度和最终的质量要求，原则上研抛余量要能去除表面加工痕迹和变质层即可。研抛余量过大，使加工时间增多，研抛工具和材料消耗增多、加工成本增大；研抛余量过小，加工后达不到要求的表面粗糙度和精度。

淬硬后的成形表面由 $Ra0.8\mu m$ 提高到 $Ra0.05\mu m$ 时的研抛余量为：

平面：$0.015～0.03mm$；当零件的尺寸公差较大时，研抛余量可以放在零件尺寸公差范围内。

内圆：当尺寸为 $\phi25～125mm$ 时，取 $0.04～0.08mm$。

外圆：当 $d\leqslant10mm$ 时，取 $0.03～0.04mm$；

当 $d\geqslant10～30mm$ 时，取 $0.03～0.05mm$；

当 $d\geqslant31～60mm$ 时，取 $0.04～0.06mm$。

4. 研磨抛光的步骤及注意事项

步骤：粗研磨→细研磨→精研磨→抛光。

注意事项：磨料的粒度从粗到细，每次更换磨料都要清洗好工具和零件；研磨抛光过程磨料的运动轨迹要保证被加工表面各点均有相同的或近似的切削条件和磨削条件；还应该根据被加工表面形状特点选择合适的研抛器具和材料，根据整个被加工面的具体情况确定各部位的研磨顺序。

四、电化学抛光

1. 基本原理和特点

（1）基本原理

对于电化学抛光机理的通俗解释：随着阳极表面发生电化学溶解，有氧化物生成，它以薄膜的形式覆盖在阳极表面上，这种氧化物薄膜的黏度很高，电阻较大。由于工件表面凹凸不平，薄膜厚度在粗糙表面上的各部位不等，在凹洼处薄膜较厚，在凸起处薄膜较薄。由于金属表面各部位薄膜厚度不等，则电阻值不等，电流分布不均匀，凸起处电流密度比凹洼处要大，所以凸起处首先被溶解，经过一段时间后，高低不平的表面逐渐被蚀平，从而得到光洁平整的表面。

对于电化学抛光机理的电学理论解释：电场中的带电体，其电力线在粗糙表面尖端处的密度大，溶解速度最快，而凹洼处薄膜厚度大电力线密度小，溶解速度慢。这种凸凹处溶解速度差，使抛光后平整。

（2）特点

① 电火花加工后的表面，经过电化学抛光后可使表面粗糙度 $Ra3.2\sim1.6\mu m$ 降低到 $Ra0.4\sim0.2\mu m$，电化学抛光时各部位金属去除速度相近，抛光量很小，电化学抛光后尺寸精度和形状精度可控制在 0.01mm 之内。

② 电化学抛光和传统手工研磨抛光相对效率提高几倍以上，如抛光余量为 0.1～0.15mm 时，电化学抛光时间约为 10～15min，而且抛光速度不受材料硬度的影响。

③ 电化学抛光工艺方法简单，操作容易，而且设备简单，投资小。

④ 电化学抛光不能消除原表面的"粗波纹"，因此电化学抛光前，加工表面应无波纹现象。

2. 影响电化学抛光质量的因素

（1）电解液　电解液成分和比例对抛光质量有决定性影响，目前电解液的种类很多，要根据不同金属材料选择不同的电解液配方和比例。

（2）电流密度　通常电化学抛光都在较高电流密度下进行，以获得平滑光亮的表面。但当电流密度过高时，阳极析出的氧气过多，使电解液近似沸腾，不利于抛光的正常进行。

（3）电解液温度　一般电解液温度低，金属溶解速度低，生产效率低。否则反之。不同金属材料都有一个最佳温度范围，目前是通过试验确定。电化学抛光属于小距离化学反应，电解产物如不能及时排除，也影响抛光质量。抛光时应采用搅拌或移动的方法，促使电解液流动，保持抛光区电解液的最佳状态，缩小电解液的温度变化，始终保证最佳抛光条件是保证抛光质量的重要因素之一。

（4）抛光时间　抛光开始时，表面平整速度最大，随着时间增加，阳极金属去除总量增加，不同金属材料都有一个最佳抛光时间。当超过最佳抛光时间时，抛光质量逐渐变差。

（5）金属材料的金相组织状态　当金属的金相组织愈均匀、致密，抛光效果愈好；如金属中含有较多非金属成分，则抛光效果就差；如金属以合金形式组成，应选择使合金均匀溶解的电解液；铸件由于组织疏松不易电化学抛光；铸铁件由于有游离石墨，也不易电化学抛光。

（6）抛光表面原始表面粗糙度　采用电化学抛光时，工件原始表面粗糙度应达到 $Ra2.5\sim0.8\mu m$ 时，电化学抛光才能取得满意效果。

3. 抛光方式

（1）工具电极的选择与使用时注意事项　工具电极材料采用耐蚀性较好的材料，如不锈钢、铅和石墨等。电极的形状尺寸和设置位置应使工件表面的电流密度分布均匀。抛光时工具电极和抛光型腔应保持一定的电解间隙。当采用铅材作电极时，可将溶化的铅直接浇注在抛光型腔内，待冷却后取出，经加工后使工具电极型面均匀缩小 5～10mm，得到电解间隙，即可使用。

（2）抛光操作过程　将工具电极装于机床主轴夹头上，被抛光的工件放于工作台的电解液槽内，分别接上直流电源的阳极和阴极。将工具电极纳入工件型腔，使工具电极和型腔边保持 5～10mm 的电解间隙。电解液经加热至工作温度后倒入电解液槽内（或在槽中直接加热至工作温度），电解液的液面应超出工件上平面 15～20mm。然后接通电源，调整电压符合预定电流后即可开始抛光。抛光时为避免电解液温度过高以及排除电解气泡，应经常补充新的电解液和搅拌。也可以采用定时提高工具电极的方法达到搅拌电解液的目的。

4. 逐步电化学抛光法

（1）抛光工具　抛光工具有导电油石、金属导电锉、小毡轮和硬木棍。

（2）操作过程　操作过程根据模具型腔形状，选择合适的导电油石或金属导电锉，装于电动抛光器前端的夹持器上，并与电源和阴极接通。被抛光模具通过磁铁吸牢，将磁铁的导线和电源阳极接通。启动泵调节流量，向模具抛光型腔喷出一定的电解液，然后调节抛光电压，将抛光工具电极慢慢接触抛光表面进行磨抛运动，以不产生火花放电为准。

5. 抛光工艺过程

（1）工艺过程　电解抛光的过程分为两步：

① 宏观整平：溶解产物向电解液中扩散，材料表面几何粗糙度下降，$Ra>1\mu m$。

② 微观整平：阳极极化，表面光亮度提高，$Ra<1\mu m$。

（2）电解液

配方 1：磷酸（H_3PO_4）380～400mL/L，硫酸（H_2SO_4）60～70mL/L，铬酸（CrO_3）70～90g/L，水 120～150mL/L。电解液温度为 70～90℃，电流密度 30～50A/dm²，阴极材料为铅，电解时间为 5～10min。

配方 2：磷酸（H_3PO_4）88%（质量比）；铬酸（CrO_3）12%。电解液温度为 50～70℃，电流密度 30～50A/dm²，阴极材料为铜材，电解时间为 2～7min。

五、超声波抛光

1. 基本原理

频率：16000～25000 次/秒。

特点：频率高、波长短、能量大、有较强的束射性。

原理：超声波加工和抛光是利用工具端面作超声频振动，迫使磨料悬浮液对脆硬材料表面进行加工的一种成形方法。

超声波抛光主要作用：是磨料在超声振动下的机械撞击和抛磨现象。其次是工作液中的"空化"作用加速了超声波抛光和加工效率。所谓的"空化"作用是当产生正面冲击时，促使工作液钻入被加工表面的微裂处，加速了机械破坏作用。在高频振动的某一瞬间，工作液又以很大的加速度离开工件表面，工件表面微细裂纹间隙形成负压和局部真空。同时在工作液内也形成很多微空腔，当工具端面以很大的加速度接近工件表面时，迫使空泡闭合，引起极强的液压冲击波，强化了加工过程。

2. 设备简介

（1）超声波发生器

作用：超声波发生器的作用是将 50Hz 的交流电转变成具有一定功率输出的超声波电振荡，迫使工具端面做纵向往复振动。

种类：模具超声波振荡发生器多采用晶体管式和集成电路式。

（2）机械振动转换器

作用：将超声波电振荡转换成机械振动。

种类：压电效应式和磁致伸缩效应式。

① 压电效应式换能器　压电效应式换能器是利用在锆钛酸铅界面上加以一定电压后，则产生一定的机械变形；反之，当它受到机械压缩或机械拉伸时，界面将产生一定的电荷，形成一定的电势，这种现象称为"压电效应"。

② 磁致伸缩效应式换能器　磁致伸缩效应式换能器是利用镍、钴、铁等铁磁体置于变化的磁场内，随着磁场的变化，铁磁体长度发生变化的现象称为磁致伸缩效应。

3. 机械振动转换器

（1）变幅杆　变幅杆也叫振荡扩大器，前述的压电式或磁致式换能器的变形量很小，在共振条件下其振幅也不超过 0.005～0.01mm，而超声波加工的振幅为 0.01～0.1mm，因此一般不能直接用来加工。将变幅杆大端与换能器的轴射面相连，由于变幅杆和换能器连接面的截面大，而工作端截面小，它可以将换能器的振幅扩大，满足超声加工的需要。

（2）工具

原理与要求：工具和变幅杆之间采用机械或胶合方式相连接，超声波机械振动经变幅杆扩大振幅后传给工具，工作时沿轴向振动。工具头的形状应该和模具抛光型腔形状相适应。

工具头分固定磨料和游离磨料两种形式。固定磨料有金刚石油石、电镀金刚石锉刀、刚玉油石等，这类磨料用于粗抛光。游离磨料式采用硬木和竹片等材料，抛光时在抛光面涂以研磨粉和工作液的混合剂，用于精抛光，研磨粉是氧化铝、碳化硅等，工作液用煤油、汽油或水。

4. 超声波抛光工艺

（1）抛光余量　经电火花精加工之后的余量 0.02～0.04mm；其他情况的余量不超过 0.15mm。

（2）抛光方式　粗抛光时采用固定磨料或采用 180♯ 左右的磨料进行抛光；细抛光时采用游离磨料方式，磨料粒度为 W40 左右；精抛光时采用 W5～W3.5 的磨料进行干抛，不加工作液。

5. 超声波抛光的特点

① 超声波抛光是靠磨料的冲击去除材料的，适用于硬脆材料及不导电的非金属材料。

② 抛光时，工具对工件的作用力和热影响小，不会引起变形和烧伤，加工精度可达 0.01～0.02mm，表面粗糙度 $Ra1～0.1\mu m$。

③ 抛光时，工件只受磨料瞬间局部撞击压力，不存在横向摩擦力，因此可以抛光薄壁、薄片、窄缝及低刚度零件。

④ 超声波抛光设备简单，使用和维修方便，操作容易。

⑤ 由于抛光时，工具头无旋转运动，工具头可以用软材料做成复杂形状，因此可以抛光复杂的型孔和型腔成形表面。

6. 影响抛光效率和质量的因素

（1）影响抛光效率的主要因素

① 工具的振幅和频率　超声波抛光的效率随着工具振动的频率和振幅的增大而提高，在分级抛光时可采用维持工具头压力情况下，逐步提高工具头振动的频率和振幅。但是，随着频率和振幅的提高，使变幅杆和工具承受过大的交变应力，而导致变幅杆和工具寿命降低。另外随着频率和振幅的增大，使变幅杆和工具、换能器之间连接处的能量损耗增大。因

此，一般振幅控制在 $0.01\sim0.1mm$，频率控制在 $16000\sim25000Hz$ 之间。此外，在加工时频率应调至共振频率，以取得最大振幅。

② 工具对工件的静压力　抛光时工具对工件的进给力也称静压力。当工具头末端与工件抛光表面之间的间隙增大，磨料和工作液对抛光表面的压力降低，削弱了磨料对工件的撞击力和打击深度；当两者的间隙减小时，磨料和工作液不能顺利循环更新，降低了生产效率。因此，工具对工件之间应有一个合理的间隙和压力。

③ 磨料的种类和粒度　磨料的种类应该根据被加工材料选择。加工硬质合金和淬火钢等高硬度材料，应该选择碳化硼磨料，加工硬度不太高的硬脆材料时，可以选择碳化硅磨料。磨料粒度的选择和振幅有关，当振幅为 $0.05mm$ 时，磨料粒度愈大，加工效率愈高；当振幅小于 $0.05mm$ 时，磨料粒度愈小，加工效率愈高。

④ 磨料工作液的料液比　磨料工作液中磨料与工作液之间的体积比或质量比，称为料液比。料液比过大和过小，都将使抛光效率降低。通常抛光时的料液比为 $0.5\sim1$。

(2) 影响抛光表面质量的主要因素　影响抛光表面质量的主要因素有磨料的粒度、被加工材料性质、工具振幅、工作液。当磨料颗粒尺寸越小，工件材料硬度越高，超声振幅越小，则加工表面粗糙度改观得越大。另外，采用机油和煤油作工作液比用水作工作液，得到的表面粗糙度要好。

六、其他光整加工

1. 喷丸抛光

喷丸抛光是利用含有微细玻璃球的高速干燥流对被抛光表面进行喷射，去除表面微量金属材料，降低表面粗糙度。

(1) 喷丸抛光工艺参数

磨料：喷丸抛光所用的磨料为玻璃球，磨料颗粒尺寸为 $10\sim150\mu m$。

载体气体：喷丸抛光的载体气体可用干燥空气、二氧化碳等，但不得用氧气。气体流量为 $28L/min$ 左右，气体压力为 $0.2\sim1.3MPa$，流速为 $152\sim335m/s$。

喷嘴：喷嘴材料要求耐磨性好，多采用硬质合金材料。喷嘴口径为 $0.13\sim1.2mm$。

(2) 影响喷丸抛光的因素

影响喷丸抛光的因素有磨料粒度、喷嘴直径、喷嘴到加工表面的距离、喷射速度、喷射角度。

当喷嘴距离较小时，由于磨料速度随运行距离增大而增大，去除材料量也相应增加；但当喷嘴距离过大后，由于空气阻力，磨料速度随运行距离增大而逐渐变小，因而加工速度也逐渐下降。喷丸抛光表面质量与模料颗粒尺寸有关，磨粒尺寸越小，表面质量越好。喷丸抛光在模具加工中的应用一般是在成形表面在电火花加工后，去除电火花加工表面变质层。

2. 程序控制抛光

(1) 设备和控制

组成：专用计算机、数控系统、机械系统、附件。

原理：加工前，将被加工工件的材料状态、抛光前的表面质量参数和加工尺寸参数，与研磨抛光后的表面质量要求等参数输入到计算机后，计算机自动设定各项加工工艺参数。也可以进行人机对话修正加工工艺参数，并且进行各种形状曲面的运动轨迹控制、加工压力控制。为了保证加工的均匀性，可以改变抛光头的运动速度和移动加工表面，根据需要变化工作台的回转速度。在加工过程中，也可以采用人机对话修正加工工艺参数。

（2）加工质量　程序控制抛光表面质量见表 2-30。

表 2-30　程序控制抛光表面质量

材料	表面粗糙度 $Ra/\mu m$	材料	表面粗糙度 $Ra/\mu m$
马氏体时效钢	0.005～0.03	硬质合金	0.003～0.005
耐腐蚀模具钢	0.004～0.006	铜	0.004～0.005
易切削预硬化钢	0.005～0.008	磷青铜	0.005～0.007

思考与练习

1. 切削用量三要素是什么？如何选择切削用量？

2. 顺铣和逆铣的区别是什么？

3. 如何检验零件的平行度和垂直度？

4. 研磨的特点有哪些？

5. 抛光的作用是什么？

项目三　模具零件的数控加工

任务1　数控加工的基础知识

说明：任务1的具体内容是，掌握数控加工的特点，掌握数控加工的工艺特点，了解适于数控加工的模具零件结构。通过这一具体任务的实施，对数控加工有所了解。

知识点与技能点

1. 数控加工的特点。
2. 数控加工的工艺特点。
3. 适于数控加工的模具零件结构。

相关知识

数控（numerical　control）是指在数控机床上用数字信息对工件的加工过程予以控制，使其自动完成切削加工的一种，即用数字化信号对机床运动及其加工过程进行控制的一种方法。数控加工就是把数控技术应用于传统的加工技术中，它覆盖几乎所有加工领域，如车、铣、刨、镗、钻、拉、电加工、板材成形等。

随着制造业的不断发展，机械产品的结构和形状都在不断改进。作为产品母体的模具，为了适应这些变化，走在了改进和发展的最前沿。尤其是作为模具核心零部件的工作件（凸模、凹模、型芯、型腔等），从形状结构到制造工艺都日渐复杂。数控技术的产生和发展，为由复杂曲线和复杂曲面构成模具工作件的自动加工提供了极为有效的工艺手段。当前，模具制造企业越来越倾向于以数控加工为主来制造模具，并以数控加工为核心进行工艺流程的安排。

一、数控加工的特点

与传统的加工手段相比，数控加工方法的优势比较明显，主要表现在以下几个方面。

1. 柔性好

所谓的柔性即适应性，是指数控机床随生产对象的变化而变化的适应能力。数控机床把加工的要求、步骤与零件尺寸用代码和数字表示为数控程序，通过信息载体将数控程序输入数控装置。经过数控装置中的计算机处理与计算发出各种控制信号，控制机床的动作，按程序加工出图纸要求的零件。在数控机床中使用的是可编程的数字量信号，当被加工零件改变时，只要编写"描述"该零件加工的程序即可。数控机床对加工对象改型的适应性强，这为单件、小批零件加工及试制新产品提供了极大的便利。

2. 加工精度高

数控机床有较高的加工精度，而且数控机床的加工精度不受零件形状复杂程度的影响。这对一些用普通机床难以保证精度甚至无法加工的复杂零件来说是非常重要的。另外，数控加工消除了操作者的人为误差，提高了同批零件加工的一致性，使产品质量稳定。

3. 能加工复杂型面

数控加工运动的任意可控性使其能完成普通加工方法难以完成或者无法进行的复杂型面的加工。

4. 生产效率高

数控机床的加工效率一般比普通机床高 2～3 倍，尤其在加工复杂零件时，生产率可提高十几倍甚至几十倍。一方面是因为其自动化程度高，具有自动换刀和其他辅助操作自动化等功能，而且工序集中，在一次装夹中能完成较多表面的加工，省去了划线、多次装夹和检测等工序；另一方面是加工中可采用较大的切削用量，有效地减少了加工中的切削工时。

5. 劳动条件好

在数控机床上加工零件自动化程度高，大大减轻了操作者的劳动强度，改善了劳动条件。

6. 有利于生产管理

用数控机床加工能准确地计划零件的加工工时，简化检验工作，减轻了工夹具、半成品的管理工作，减少了因误操作而出废品及损坏刀具的可能性，这些都有利于管理水平的提高。

7. 易于建立计算机通信网络

由于数控机床使用数字信息，易于与计算机辅助设计和制造（CAD/CAM）系统连接，形成计算机辅助设计和制造与数控机床紧密结合的一体化系统。另外，现在数控机床通过因特网（Internet）、内联网（Intranet）、外联网（Extranet）已可实现远程故障诊断及维修，初步具备远程控制和调度、进行异地分散网络化生产的可能，从而为今后进一步实现制造过程网络化、智能化提供了必备的基础条件。

但是由于数控加工本身还有一些不足之处，使其应用受到一些限制，主要表现在以下几个方面：

① 数控机床价格较贵，加工成本高，提高了起始阶段的投资。

② 技术复杂，增加了电子设备的维护成本，维修困难。

③ 对工艺和编程要求较高，加工中难以调整，对操作人员的技术水平要求较高。

二、数控机床的应用

由于数控加工有着自身的特点，所以，在实际生产加工中，它也并不是适用于加工所有类型的零件，其主要偏向于以下几个方面的应用。

① 几何形状复杂的零件。特别是形状复杂、加工精度要求高或用数学方法定义的复杂曲线、曲面轮廓。

② 多品种小批量生产的零件。用通用机床加工时，要求设计制造复杂的专用工装或需很长调整时间。

③ 必须严格控制公差的零件。

④ 贵重的、不允许报废的关键零件。

随着科学技术的发展，机械产品的形状和结构不断改进，对零件加工质量的要求也越来越高。尤其是随着 FMS 和 CIMS 的兴起和不断成熟，对机床数控系统提出了更高的要求，现代数控加工正在向高速化、高精度化、网络化、智能化和高柔性化等方向发展。

三、数控加工的工艺特点

数控加工工艺是伴随着数控机床的产生不断发展和逐步完善起来的一门应用技术。数控加工工艺就是将传统的加工工艺、计算机数控技术、计算机辅助设计和辅助制造技术有机地结合在一起，它的一个典型特征是将数控技术融入到普通加工工艺中。

普通加工工艺是数控加工工艺的基础和技术保障，由于数控加工采用计算机对机械加工过程进行自动化控制，使数控加工工艺具有以下几个方面的特点。

1. 数控加工工艺比普通加工工艺复杂

数控加工工艺要考虑加工零件的工艺性及加工零件的定位基准和装夹方式，也要选择刀具并制订工艺路线、切削方法及工艺参数等，而这些在常规工艺中均可以简化处理。因此，数控加工工艺比普通加工工艺要复杂得多，影响因素也多，因而有必要对数控编程的全过程进行综合分析、合理安排，然后整体完善。相同的数控加工任务可以有多个数控工艺方案，既可以选择以加工部位作为主线安排工艺，也可以选择以加工刀具作为主线来安排工艺。数控加工工艺的多样化是数控加工工艺的一个特色，也是与传统加工工艺的显著区别。

2. 数控加工工艺设计要有严密的条理性

由于数控加工的自动化程度较高，相对而言，数控加工的自适应能力就较差，而且数控加工的影响因素较多，比较复杂，需要对数控加工的全过程深思熟虑。数控工艺设计必须具有很好的条理性，也就是说，数控加工工艺的设计过程必须周密、严谨，没有错误。

3. 数控加工工艺的继承性较好

凡经过调试、校验和试切削过程验证的，并在数控加工实践中证明是好的数控加工工艺，都可以作为模板，供后续加工相类似的零件调用，这样不仅节约时间，而且可以保证质量。作为模板本身在调用中也是一个不断修改完善的过程，可以达到逐步标准化、系列化的效果。因此，数控工艺具有非常好的继承性。

4. 数控加工工艺必须经过实际验证才能指导生产

由于数控加工的自动化程度高，安全和质量是至关重要的。数控加工工艺必须经过验证后才能用于指导生产。在普通机械加工中，工艺员编写的工艺文件可以直接下到生产线用于指导生产，一般不需要上述的复杂过程。

四、加工工艺分析和规划

数控加工工艺分析和规划主要包括以下内容。

1. 确定加工对象

通过对零件模型进行分析，确定这一工件的哪些部位需要加工。数控铣的工艺适应性当然也是有一定限制的，对于一些尖角、细小的筋条等部位是不适合用数控加工的，最好使用线切割或者电加工来加工；而另外一些加工部位，使用普通机床反而会有更好的经济性，如孔的加工、回转体的加工。

2. 规划加工区域

按零件形状、功能及精度、粗糙度等方面的要求将加工对象分割成数个加工区域。对加工区域进行合理的规划可以达到既提高加工效率又提高加工质量的目的。

3. 规划工艺路线

即从粗加工到半精加工和精加工，再到清根加工的流程及加工余量的合理分配。

4. 确定加工工艺和加工方式

如刀具选择、加工工艺参数和切削方式选择等。在完成工艺分析后，还应该填写一张 CAM 数控加工工序表，表中的项目应该包括加工区域、走刀方式、刀具、主轴转速和切削进给等选项。完成了工艺分析和规划后，即完成了 CAM 数控加工大部分的工作。同时，工艺分析的水平原则上决定了 NC 程序的质量。

五、适于数控加工的模具零件结构

1. 选择合适的工艺基准

由于数控加工多采用工序集中的原则，因此要尽可能采用合适的定位基准。一般可选模具零件上精度高的孔作为定位基准孔。如果零件上没有基准孔，也可设置专门的工艺孔作为定位基准，如在毛坯上增加工艺凸台或在后续工序要切除的余量上设置定位基准孔。

2. 加工部位的可接近性

对于模具零件上一些刀具难以接近的部位（如钻孔、铣槽），应关注刀具的夹持部分是否与零件相碰。如发现上述情况，可使用加长柄刀具或小直径专用夹头。

3. 外轮廓的切入切出方向

在数控铣床上铣削模具零件的内外轮廓时，刀具的切入点和切出点选择在零件轮廓几何零件的交点处，并根据零件的结构特征选择合适的切入和切出方向。如铣削外轮廓表面时要沿外部曲线延长线的切向切入或切出，以免在切入处产生刀具刻痕；而铣削内轮廓表面（如封闭轮廓）时，只能沿轮廓曲线法向切入或切出，但应避免造成刀具干涉问题。

4. 零件内槽半径 R 不宜过小

零件内槽转角处圆角半径 R 的大小决定了刀具直径 D 的大小，而刀具的直径尺寸又受零件内槽侧壁高度 H（H 为内槽侧壁最大高度）的影响，这种影响则关系到加工工艺性的优劣。如图 3-1 所示，当 $R \leqslant 0.2H$ 时，表示该部位的工艺性不好，而 $R > 0.2H$ 时，则其工艺性好。因为转角处圆角半径较大时，可使用直径较大的铣刀，一般取铣刀半径 $=$ $(0.8 \sim 0.9)R$。铣刀半径大，刚性好，进给次数相应少，从而加工表面质量提高。

5. 在铣削零件内槽底面时，底面与侧壁间的圆角半径 r 不宜过大

铣刀与铣削平面接触的最大直径 $d = D - 2r$（D 为铣刀直径）。如图 3-2 所示，当 D 为一定值时，槽底圆角半径 r 越大，铣刀端刃铣削平面的面积越小，加工表面的能力就越差，铣刀易磨损，其寿命也越短，生产效率就越低。当 r 大到一定程度时，甚至必须使用专用的球头铣刀才能加工，因此在设计图上应尽量避免这种结构。

6. 特殊结构的处理

对于薄壁复杂型腔等特殊结构的模具零件，应根据具体情况采取有效的工艺手段。对于一些薄壁零件，例如厚度尺寸要求较高的大面积薄壁（板）零件，由于数控加工时的切削力和薄壁零件的弹性变形容易造成明显的切削振动，影响厚度尺寸公差和表面粗糙度，甚至使切削无法正常进行，此时应改进装夹方式，采用粗精分开加工及对称去除余量等加工方法。

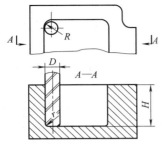

图 3-1　零件内槽圆角半径不宜过小

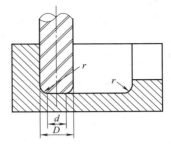

图 3-2　内槽底面与倒壁间的圆角半径不宜过大

对于一些型腔表面复杂、不规则，精度要求高，且材料硬度高、韧性大的模具零件，可优先考虑采用数控电火花成形加工。这种加工方法电极与零件不接触，没有机械加工的切削力，尤其适宜加工刚度低的模具型腔及进行细微加工。

对于模具上一些特殊的型面，如角度面、异形槽等，为保证加工质量与提高生产效率，可采用专门设计的成形刀加工。

任务 2　数控铣床的加工工艺

说明：任务 2 的具体内容是，掌握进/退刀的控制，掌握刀具半径补偿和长度补偿，掌握走刀方式和切削方式的确定。通过这一具体任务的实施，能够掌握数控加工工艺。

知识点与技能点

1. 进/退刀的控制。
2. 刀具半径补偿和长度补偿。
3. 走刀方式和切削方式的确定。

相关知识

数控加工技术已广泛应用于模具制造业，如数控铣削、镗削、车削、线切割、电火花加工等，其中数控铣削是复杂模具零件的主要加工方法。数控设备为精密复杂零件的加工提供了基本条件，但要达到预期的加工效果，编制高质量的数控程序是必不可少的，这是因为数控加工程序不仅包括零件的工艺过程，而且还包括刀具的形状和尺寸、切削用量、走刀路径等工艺信息。对于简单的模具零件，通常采用手工编程的方法，对于复杂的模具零件，往往需要借助于 CAM 软件编制加工程序，如 Pro/ENGINEER、UG、Cimatron、MasterCAM 等。无论是手工编程或计算机辅助编程，在编制加工程序时，选择合理的工艺参数，是编制高质量加工程序的前提。

一、切削用量参数的选择

正确选择切削用量对于保证加工质量、提高加工效率和降低生产成本具有重要意义。所谓"合理的"切削用量是指充分利用刀具切削性能和机床动力性能（功率、扭矩），在保证质量的前提下，获得高的生产率和低的加工成本的切削用量。

制订切削用量时，应该考虑的要素有如下几点：

（1）切削加工生产率。在切削加工中，金属切除率与切削用量三要素（切削深度、进给量、切削速度）均保持线性关系，即其中任一参数增大一倍，都可使生产率提高一倍，然而由于刀具寿命的制约，当任一参数增大时，其他两参数必须减小。因此，在制订切削用量时，三要素获得最佳组合时的高生产率才是合理的。

（2）刀具寿命。切削用量三要素对刀具寿命影响的大小，按顺序为切削速度、进给量、切削深度。因此，从保证合理的刀具寿命出发，在确定切削用量时，首先应采用尽可能大的背吃刀量，然后再选用大的进给量，最后求出切削速度。

（3）加工表面粗糙度。精加工时，增大进给量将增大加工表面粗糙度值。因此，它是精加工时抑制生产率提高的主要因素。

除此之外，还要考虑刀具和工件的材料、机床功率、机床、机床夹具、工件和刀具系统的刚度以及断屑、排屑条件等。

切削用量的制订一般有着固定的程序，其制订步骤如图 3-3 所示。

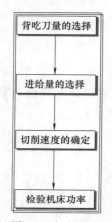

图 3-3　切削用量
制订步骤

在实际生产加工中，为了提高生产效率，会尽可能提高切削用量。一般提高切削用量的途径有：采用切削性能更好的新型刀具材料；在保证工件力学性能的前提下，改善工件材料加工性；改善冷却润滑条件；改进刀具结构，提高刀具制造质量。

二、进/退刀控制

在数控铣削中，由于其控制方式的加强，与普通铣床只能手工控制相比有很大的差别，在进刀时可以采取更加合理的方式以达到最佳的切削状态。切削前的进刀方式有两种形式，一种是垂直方向进刀（常称为下刀）和退刀，另一种是水平方向进刀和退刀，对于数控加工来说，这两个方向的进刀都与普通铣削加工不同。

1. 垂直进/退刀方式

在普通铣床上加工一个封闭的型腔零件时，一般都会分成两个工序，先预钻一个孔，再用立铣刀切削。在数控加工中，数控编程软件通常有 3 种垂直进刀的方式，第一种是垂直向下进刀，第二种是斜线轨迹进刀，第三种是螺旋式轨迹进刀，如图 3-4 所示。

(a) 垂直向下进刀

(b) 斜线轨迹进刀

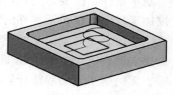

(c) 螺旋轨迹进刀

图 3-4　垂直进/退刀方式

2. 水平方向进/退刀方式

为了改善铣刀开始接触工件和离开工件表面时的状况，一般的数控系统都设置了刀具接近工件和离开工件表面时的特殊运行轨迹，以避免刀具直接与工件表面相撞并保护已加工表面。比较常用的方式有两种，即圆弧（切向）进/退刀方式与直线（法向）进/退刀方式，分别需要设定进刀线长度和进刀圆弧半径，如图 3-5 所示。

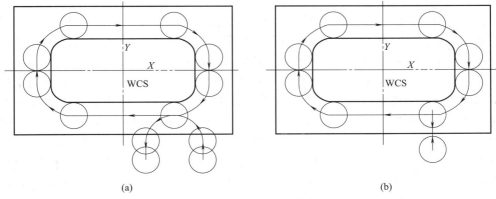

图 3-5 水平进/退刀方式

圆弧进/退刀以被加工表面相切的圆弧方式接触和退出工件表面，如图 3-5（a）所示。图中的切入轨迹是以圆弧方式与被加工表面相切的，退出时也是以一个圆弧离开工件的。

直线进/退刀是以被加工表面法线方向进入接触和退出工件表面，如图 3-5（b）所示，图中的切入和退出轨迹是与被加工表面相垂直（法向）的一段直线。此方式相对轨迹较短，适用于表面要求不高的情况，常在粗加工或半精加工中使用。

对刀具进刀方式的合理选择和参数的精确选定，可以使数控加工有更高的效率，并保持机床和刀具的最佳使用状态，从而延长刀具的寿命，同时提高加工的精确度。

三、提刀高度与安全高度

安全高度，顾名思义，就是在加工过程中不会损坏加工工具和零件的高度。在切削过程中，要达到"安全"的高度，刀具在转移位置时将退到这一高度再走刀至下一位置。图 3-6 给出了加工过程中各个高度之间的关系。不难看到，起止高度作为进退刀的初始高度必须大于或等于安全高度。而提刀高度也叫做安全高度，各高度之间的关系如图 3-6 所示。

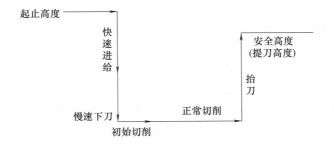

图 3-6 各高度之间关系

加工过程中，当刀具在两点间移动并不进行切削时，若设定为抬刀，刀具将首先提到安全平面，再移动刀具；若不设定抬刀，刀具就会直接在两点间移动。直接移动固然可以节约时间，但是必须注意安全，确保在移动过程中不与凸出部位发生碰撞或干涉。

在粗加工时，对较大面积的加工，通常建议抬刀，以确保安全；在精加工时，为加快加工速度，常常不抬刀切削。

四、刀具半径补偿与长度补偿

用铣刀铣削工件的轮廓时，刀具中心的运动轨迹并不是加工工件的实际轮廓。如图 3-7 所示，加工内轮廓时，刀具中心要向工件的内侧偏移一定距离；而加工外轮廓时，刀具中心要向工件的外侧偏移一定距离。由于数控系统控制的是刀心轨迹，因此编程时要根据零件轮廓尺寸计算出刀心轨迹。零件轮廓可能需要粗铣、半精铣和精铣 3 个步骤，由于每个步骤加工余量不同，因此它们都有相应的刀心轨迹。另外，刀具磨损后，也需要重新计算刀心轨迹，这样势必增加编程的复杂性。为了解决这个问题，数控系统中专门设计了若干存储单元，用于存放各个工步的加工余量及刀具磨损量。数控编程时，只需依照刀具半径值编写其刀心轨迹。加工余量和刀具磨损引起的刀心轨迹变化由系统自动计算，进而生成数控程序；进一步地，如果将刀具半径值也寄存在存储单元中，就可使编程工作简化成只按零件尺寸编程，这样既简化了编程计算，又增加了程序的可读性。另外，需要说明的是，刀具半径补偿不是由编程人员来完成的。编程人员在程序中只需指明何处进行刀具半径补偿、进行左刀补还是右刀补，并指定刀具半径，刀具半径补偿的具体工作由数控系统中的刀具半径补偿功能来完成。根据 ISO 规定，当刀具中心轨迹在程序规定的前进方向的右边时称为右刀补，用 G42 表示；反之称为左刀补，用 G41 表示。

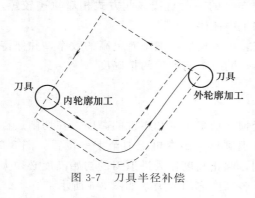

图 3-7　刀具半径补偿

刀具半径补偿的执行过程分为刀补建立、刀补进行和刀补撤销 3 个步骤：

（1）刀补建立，即刀具以起刀点接近工件，由刀补方向 G41/G42 决定刀具中心轨迹在原来的编程轨迹基础上是伸长还是缩短了一个刀具半径值。

（2）刀补进行，一旦刀补建立则一直维持，直至被取消。在刀补进行期间，刀具中心轨迹始终偏离编程轨迹一个刀具半径值的距离。在转接处，采用了伸长、缩短和插入 3 种直线过渡方式。

（3）刀补撤销，即刀具撤离工件，回到起刀点。和建立刀具补偿一样，刀具中心轨迹也要比编程轨迹伸长或缩短一个刀具半径值的距离。

在数控机床上加工直径、深度不同的孔时，一般采用加工中心进行加工。在实际加工过程中，要加工不同直径的孔，需通过换刀指令选择不同的刀具，这就使刀具的长度发生变化，造成了非基准刀的刀位点起始位置和基准刀的刀位点起始位置不重合。在编程过程中，若对刀具长度的变化不作适当处理，就会造成零件报废，甚至撞刀。为此，在数控加工中引入了刀具长度补偿的概念，以提高编程的工作效率。

刀具半径补偿格式：G41（G42）H＿；

在 G41 或 G42 指令中，地址 H 指定了一个补偿号，每个补偿号对应一个补偿值。补偿号的取值范围为 0～200，这些补偿号由长度补偿和半径补偿共用。和长度补偿一样，H00 意味着取消半径补偿。补偿值的取值范围和长度补偿相同。

刀具长度补偿格式：G43（G44）H＿；

使用 G43（G44）H＿；指令可以将 Z 轴运动的终点向正或负向偏移一段距离，这段距离等于 H 指令的补偿号中存储的补偿值。G43 或 G44 是模态指令，H_指定的补偿号也是模态的使用这条指令，编程人员在编写加工程序时就可以不必考虑刀具的长度而只需考虑刀尖的位置即可。刀具磨损或损坏后更换新的刀具时也不需要更改加工程序，可以直接修改刀具补偿值。

G43 指令为刀具长度补偿＋，也就是说 Z 轴到达的实际位置为指令值与补偿值相加的位置；G44 指令为刀具长度补偿－，也就是说 Z 轴到达的实际位置为指令值减去补偿值的位置。H 的取值范围为 00～200。H00 意味着取消刀具长度补偿值。取消刀具长度补偿的另一种方法是使用指令 G49。NC 执行到 G49 指令或 H00 时，立即取消刀具长度补偿，并使 Z 轴运动到不加补偿值的指令位置。

补偿值的取值范围是 －999.999～999.999mm 或 －99.9999～99.9999in。

五、刀具的选择

在模具型腔数控铣削加工中，刀具的选择直接影响着模具零件的加工质量、加工效率和加工成本，因此正确选择刀具有着十分重要的意义。在模具铣削加工中，常用的刀具有平端立铣刀、圆角立铣刀、球头刀和锥度铣刀等，如图 3-8 所示。

在模具型腔加工时刀具的选择应遵循以下原则：

1. 根据被加工型面形状选择刀具类型

对于凹形表面，在半精加工和精加工时，应选择球头刀，以得到好的表面质量，但在粗加工时宜选择平端立铣刀或圆角立铣刀，这是因为球头刀切削条件较差；对凸形表面，粗加工时一般选择平端立铣刀或圆角立铣刀，但在精加工时宜选择圆角立铣刀，这是因为圆角铣刀的几何条件比平端立铣刀好；对带脱模斜度的侧面，宜选用锥度铣刀，虽然采用平端立铣刀通过插值也可以加工斜面，但会使加工路径变长而影响加工效率，同时会加大刀具的磨损而影响加工的精度。

2. 根据从大到小的原则选择刀具

模具型腔一般包含有多个类型的曲面，因此在加工时一般不能选择一把刀具完成整个零件的加工。无论是粗加工还是精加工，应尽可能选择大直径的刀具，因为刀具直径越小，加工路径越长，造成加工效率降低，同时刀具的磨损会造成加工质量的明显差异。

3. 根据型面曲率的大小选择刀具

在精加工时，所用最小刀具的半径应小于或等于被加工零件上的内轮廓圆角半径，尤其是在拐角

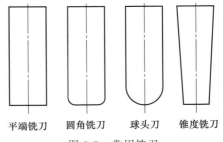

平端铣刀　　圆角铣刀　　球头刀　　锥度铣刀

图 3-8　常用铣刀

加工时，应选用半径小于拐角处圆角半径的刀具并以圆弧插补的方式进行加工，这样可以避免采用直线插补而出现过切现象；在粗加工时，考虑到尽可能采用大直径刀具的原则，一般选择的刀具半径较大，这时需要考虑的是粗加工后所留余量是否会给半精加工或精加工刀具造成过大的切削负荷，因为较大直径的刀具在零件轮廓拐角处会留下更多的余量，这往往是精加工过程中出现切削力的急剧变化而使刀具损坏的直接原因。

4. 粗加工时尽可能选择圆角铣刀

一方面圆角铣刀在切削中可以在刀刃与工件接触的 0°～90° 范围内给出比较连续的切削力变化，这不仅对加工质量有利，而且会使刀具寿命大大延长；另一方面，在粗加工时选用

圆角铣刀，与球头刀相比具有良好的切削条件，与平端立铣刀相比可以留下较为均匀的精加工余量，如图 3-9 所示，这对后续加工是十分有利的。

六、走刀方式和切削方式的确定

走刀方式是指加工过程中刀具轨迹的分布形式。切削方式是指加工时刀具相对工件的运动方式。在数控加工中，切削方式和走刀方式的选择直接影响着模具零件的加工质量和加工效率。其选择原则是根据被加工零件表面的几何特征，在保证加工精度的前提下，使切削时间尽可能短，切削过程中刀具受力平稳。

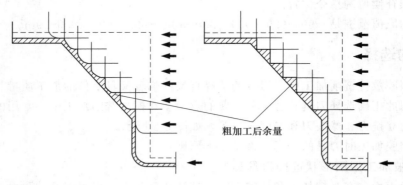

图 3-9　粗加工时铣刀的选择

1. 走刀方式

在模具加工中，常用的走刀方式包括单向走刀、往复走刀和环切走刀三种形式，如图 3-10 所示。其中，图 3-10（a）为单向走刀方式，在加工中切削方式保持不变，这样可以保证顺铣或逆铣的一致性，但由于增加了提刀和空走刀，切削效率较低。粗加工中，由于切削量较大，一般选用单向走刀，以保证刀具受力均匀和切削过程的稳定性。图 3-10（b）是往复走刀方式，在加工过程中不提刀进行连续切削，加工效率较高，但逆铣和顺铣交替进行，加工质量较差。一般在粗加工时由于切削量大不宜采用往复走刀，而在半精加工和表面质量要求不高的精加工时可选用往复走刀。图 3-10（c）是环切走刀方式，其刀具路径由一组封闭的环形曲线组成，加工过程中不提刀，采用顺铣或逆铣切削方式，是型腔加工常用的一种走刀方式。

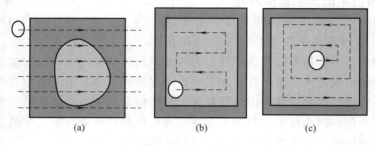

图 3-10　走刀方式

2. 铣削方式

铣削方式的选择直接影响到加工表面质量、刀具耐用度和加工过程的平稳性。在采用圆周铣削时，根据加工余量的大小和表面质量的要求，要合理选用顺铣和逆铣，一般地，粗加工过程中余量较大，应选用逆铣加工方式，以减小机床的震动；精加工时，为达到精度和表面粗糙度的要求，应选择顺铣加工方式。在采用端面铣削时，应根据所加工材料的不同，选用不同的铣削方式，一般地，在加工高硬度的材料时应选用对称铣削；在加工普通碳钢和高强度低合金钢时，应选用不对称逆铣，可以延长刀具的使用寿命，得到较好的工件表面质量；在加工高塑形材料时应选用不对称顺铣，以提高刀具的耐用度。

七、冷却液设置

在切削过程中，冷却液是必不可少的一个重要部分，它对于降低切削温度、促进断屑和排屑有很好的作用，但是也有弊端。弊端主要表现在：首先，要维持一个冷却液系统需要花费较多资金；其次，需要定期添加防腐剂，更换冷却液，会花费较长辅助时间；另外，冷却液里的有害物质会威胁到人体健康，这也使得其应用受到一些限制。干切削就是在没有切削液的情况下进行切削。用于干切削的刀具必须合理选择刀具材料及涂层，设计合理的刀具几何参数，大部分的可转换刀具都可以使用干切削。冷却液开关可以在数控编程里设定。

冷却液开关在数控编程软件中可以自动设定，对自动换到的数控加工中心，可以按需要开启冷却液。对于一般的数控铣或者使用人工换刀进行加工的，应该关闭冷却液开关，因为通常在程序初始阶段，程序错误或者调校错误等会暴露出来，使加工有一定的危险性，此时需要机床操作人员观察以确保安全，同时应保持机床及周边环境整洁。冷却液开关应由机床操作人员确认程序没有错误，才可以在正常加工时打开。

八、拐角控制

拐角包括凹角与凸角两种。对于凹角，刀具可以在零件内壁拐角处自动生成一个圆角几何体，半径略大于刀具半径，从而使刀轨圆滑。对于凸角，可以添加弧或切向延伸来处理。

拐角控制指遇到拐角时的处理方式，有尖角和圆角处理两种方法。尖角处理时，刀具从轮廓的一边到另一边的过程中以直线方式过滤，它适用于拐角大于 90°的场合；圆角处理时，刀具从轮廓的一边到另一边的过程中以圆弧方式过滤，它适用于小于或者等于 90°的场合。采用圆角处理方式可以避免机床进给方向的急剧变化。在处理某些有加工余量的角落时，一些系统软件会将补正后的加工轮廓线做成角圆角，有下列 3 种处理方式，如图 3-11 所示。

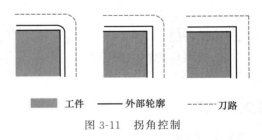

图 3-11　拐角控制

(1) 角落圆角：使工件外部轮廓及刀具路径都为圆角。

(2) 角落尖角：使外部轮廓为尖角，刀具路径为圆角。

(3) 路径尖角：使外部轮廓和刀具路径都为尖角。

九、轮廓控制

在数控编程中，有时可以通过零件的轮廓来控制加工范围，而在有些情况下轮廓是生成刀轨的唯一方法。轮廓线需要设定其偏置补偿的方向，对于封闭的轮廓线会有 3 种参数选择，即刀具在轮廓上、刀具在轮廓内和刀具在轮廓外。

（1）刀具在轮廓上，即刀具中心线与轮廓线重合，不考虑补偿。

（2）刀具在轮廓内，即刀具的中心不在轮廓上，但是刀具的侧边在轮廓上，相差一个刀具半径。

（3）刀具在轮廓外，刀具中心越过轮廓线，超过轮廓线一个刀具半径。

十、区域加工顺序

在加工有多个凸台或凹槽的零件时，加工顺序有以下两种：

（1）层优先。即对零件进行加工时，对于同一高度的不同区域的零件加工完毕后，再进行下一个层的加工，直到加工最低一层时，加工完毕。不难理解，这种加工方式会使刀具在不同的区域不停切换。

（2）深度优先。即对零件进行加工时，对于同一区域的凸台或凹槽加工完毕后，再进行另一个凸台或凹槽的加工，即按照区域进行加工，加工一个区域，再跳到另一个区域，直到加工到最后一个区域，加工完毕。

层优先的特点是各区域最后获得的加工尺寸一致，缺点是表面光洁度较差，并且因为刀具不停切换到其他地方会浪费时间；深度优先则相反。在粗加工时，一般采用深度优先方式，精加工时一般采用层优先来确保各区域尺寸的一致性。

任务 3 数控铣削常用加工指令

说明：任务 3 的具体内容是，掌握准备功能 G 指令、辅助功能 M 指令，掌握常用的编程指令。通过这一具体任务的实施，会使用指令编写程序。

知识点与技能点

1. 准备功能 G 指令。
2. 辅助功能 M 指令。
3. 数控编程的相关知识。

相关知识

一、准备功能

通过编程并运行这些程序而使数控机床能够实现的功能称之为可编程功能。一般可编程功能分为两类：一类用来实现刀具轨迹控制即各进给轴的运动，如直线/圆弧插补、进给控制、坐标系原点偏置及变换、尺寸单位设定、刀具偏置及补偿等，这一类功能被称为准备功能，以字母 G 以及两位数字组成，也被称为 G 代码；另一类功能被称为辅助功能，用来完成程序的执行控制、主轴控制、刀具控制、辅助设备控制等功能。本节以 FANUC-0i 系统为例，介绍准备功能，见表 3-1。

表 3-1　常用 G 指令

G 代码	分组	功能	G 代码	分组	功能
* G00	01	定位(快速移动)	G59	14	选用 6 号工件坐标系
* G01	01	直线插补(进给速度)	G60	00	单一方向定位
G02	01	顺时针圆弧插补	G61	15	精确停止方式
G03	01	逆时针圆弧插补	* G64	15	切削方式
G04	00	暂停,精确停止	G65	00	宏程序调用
G09	00	精确停止	G66	12	模态宏程序调用
* G17	02	选择 XY 平面	* G67	12	模态宏程序调用取消
G18	02	选择 ZX 平面	G73	09	深孔钻削固定循环
G19	02	选择 YZ 平面	G74	09	反螺纹攻螺纹固定循环
G27	00	返回并检查参考点	G76	09	精镗固定循环
G28	00	返回参考点	* G80	09	取消固定循环
G29	00	从参考点返回	G81	09	钻孔循环,点镗孔循环
G30	00	返回第二参考点	G82	09	钻孔循环,镗阶梯孔循环
* G40	07	取消刀具半径补偿	G83	09	深孔钻削固定循环
G41	07	左侧刀具半径补偿	G84	09	攻螺纹固定循环
G42	07	右侧刀具半径补偿	G85	09	精镗孔固定循环
G43	08	刀具长度补偿＋	G86	09	粗镗孔固定循环
G44	08	刀具长度补偿－	G87	09	反镗固定循环
* G49	08	取消刀具长度补偿	G88	09	镗削固定循环
G52	00	设置局部坐标系	G89	09	阶梯孔镗削固定循环
G53	00	选择机床坐标系	* G90	03	绝对值指令方式
* G54	14	选用 1 号工件坐标系	* G91	03	增量值指令方式
G55	14	选用 2 号工件坐标系	G92	00	工件零点设定
G56	14	选用 3 号工件坐标系	* G98	10	固定循环返回初始点
G57	14	选用 4 号工件坐标系	G99	10	固定循环返回 R 点
G58	14	选用 5 号工件坐标系			

从表 3-1 中可以看到，G 代码被分为了不同的组，这是由于大多数的 G 代码是模态的，所谓模态 G 代码，是指这些 G 代码不只在当前的程序段中起作用，而且在以后的程序段中一直起作用，直到程序中出现另一个同组的 G 代码为止，同组的模态 G 代码控制同一个目标但起不同的作用，它们之间是不相容的。00 组的 G 代码是非模态的，这些 G 代码只在它们所在的程序段中起作用。标有 ＊ 号的 G 代码是通电时的初始状态。对于 G01 和 G00、G90 和 G91 通电时的初始状态由参数决定。

同一程序段中可以有几个 G 代码出现，但当两个或两个以上的同组 G 代码出现时，最后出现的一个（同组的）G 代码有效。在固定循环模态下，任何一个 01 组的 G 代码都将使固定循环模态自动取消，成为 G80 模态。

二、辅助功能

常使用的 M 指令见表 3-2。一般地，一个程序段中，M 代码最多可以有一个。

表 3-2　常用 M 指令

M 代码	功　能	M 代码	功　能
M00	程序停止	M09	冷却关
M01	条件程序停止	M18	主轴定向解除
M02	程序结束	M19	主轴定向
M03	主轴正转	M29	刚性攻螺纹
M04	主轴反转	M30	程序结束并返回程序头
M05	主轴停止	M98	调用子程序
M06	刀具交换	M99	子程序结束返回/重复执行
M08	冷却开		

三、坐标值和尺寸单位——绝对值和增量值编程（G90 和 G91）

有两种指令刀具运动的方法：绝对值指令和增量值指令。在绝对值指令模式下，指定的是运动终点在当前坐标系中的坐标值；而在增量值指令模式下，指定的则是各轴运动的距离。G90 和 G91 这对指令被用来选择使用绝对值模态或增量值模态。

G90：绝对值指令。

G91：增量值指令。

如图 3-12 所示为 G90 和 G91 的使用比较，可以更好地理解绝对值方式和增量值方式的编程。

四、坐标系

通常编程人员开始编程时，他并不知道被加工零件在机床上的位置，他所编制的零件程序通常是以工件上的某个点作为零件程序的坐标系原点来编写加工程序，当被加工零件被夹压在机床工作台上以后再将 NC 所使用的坐标系的原点偏移到与编程使用的原点重合的位置进行加工。所以坐标系原点偏移功能对于数控机床来说是非常重要的。在机床上可以使用下列三种坐标系：机床坐标系、工件坐标系、局部坐标系。

图 3-12　G90 和 G91 的使用

绝对值指令编程：G9 X20. Y120.；增量值指令编程：G90 X−70. Y80.

1. 设定工件坐标系 G92

指令格式：G92　X＿Y＿Z＿；

指令说明：

a. G92 设定工件坐标系，实际是确定刀具在执行程序加工前刀具基准点相对工件坐标原点的位置，即加工前刀具应放置的位置，也称为起刀点。

b. 机床执行该指令（G92 X＿Y＿Z＿）无动作，只是将 G92 设定 X、Y、Z 的坐标值读入寄存器中，并确认刀具当前点为程序的起刀点。系统以此计算确认工件编程坐标原点。由此可知，G92 设定工件坐标系总是刀具的停放位置，是人为设定的，由操作者在工件安装后调整刀具刀位点决定的。操作者调整刀具刀位点的过程称为对刀。

2. 选择工件加工坐标系 G54～G59

指令格式：G54（G54～G59）；

指令说明：

a. G54（G54～G59）指令应写在程序名下的第一程序段中。使用 G54（G54～G59）指令无需指令坐标参数，系统执行 G54 指令只是将坐标系切换到 G54，并将与 G54（G54～G59）有关的内置参数调出，机床无动作。

b. G54（G54～G59）指令功能是选择工件加工坐标系。在数控机床系统中为方便编程和加工为用户预置了若干加工坐标系供用户选用。这种预置的坐标系的作用是将编程时设定的坐标系原点与机床坐标系建立联系，使得工件的编程与加工原点总是与机床坐标系有关，而与刀具的停放位置无关。

c. 使用 G54（G54～G59）编程设定的工件坐标原点，在工件安装后加工前要确定工件坐标原点相对于机床坐标原点的位置，即测量工件原点相对机床原点的 X、Y、Z 的偏置值，这个测量过程称为 G54（G54～G59）坐标系对刀。并把测量出的 X、Y、Z 的偏置值输入到机床预置坐标系 G54（G54～G59）相应的地址寄存器中。

d. G92 与 G54（G54～G59）指令的区别是：

G92 指令设定的坐标系与机床坐标系无关，设定的坐标原点总是与加工前刀具停放的位置有关，与工件在机床工作台上的安放位置无关。

G54（G54～G59）指令设定的坐标系总是与机床坐标系有关，设定的坐标原点与加工前刀具停放的位置无关，而总是与工件在机床工作台上的安放位置有关。

五、插补功能

1. 快速定位 G00

格式：G00 X _____ Y _____ Z _____

说明：G00 这条指令所作的就是使刀具以快速的速率移动到指定的位置，被指令的各轴之间的运动是互不相关的，也就是说刀具移动的轨迹不一定是一条直线。G00 指令下，快速倍率为 100% 时，各轴运动的速度：X、Y、Z 轴均为 15m/min，该速度不受当前 F 值的控制。当各运动轴到达运动终点并发出位置到达信号后，CNC 认为该程序段已经结束，并转向执行下一程序段。

2. 直线插补 G01

格式：G01 X_____ Y_____ Z_____ F_____；

说明：G01 指令使当前的插补模态成为直线插补模态，刀具从当前位置移动到指定的位置，其轨迹是一条直线，F_指定了刀具沿直线运动的速度，单位为 mm/min（X、Y、Z 轴）。该指令是我们最常用的指令之一。

假设当前刀具所在点为 $X-50.Y-75.$，则如下程序段：

N10 G01 X150.Y25.F100；

N20 X50.Y75.；

程序段 N20 并没有指令 G01，由于 G01 指令为模态指令，所以 N10 程序段中所指令的 G01 在 N20 程序段中继续有效，同样地，指令 F100 在 N20 段也继续有效，即刀具沿两段直线的运动速度都是 100mm/min。

3. 圆弧插补 G02/G03

下面所列的指令可以使刀具沿圆弧轨迹运动，具体解释见表 3-3。

在 X-Y 平面

G17 { G02 / G03 } X __ Y __ { (I __ J __) / R __ } F __；

在 X-Z 平面

G18 { G02 / G03 } X __ Z __ { (I __ K __) / R __ } F __；

在 Y-Z 平面

G19 { G02 / G03 } Y __ Z __ { (J __ K __) / R __ } F __；

表 3-3　圆弧插补指令

序号	数据内容		指令	含　义
1	平面选择		G17	指定 X-Y 平面上的圆弧插补
			G18	指定 X-Z 平面上的圆弧插补
			G19	指定 Y-Z 平面上的圆弧插补
2	圆弧方向		G02	顺时针方向的圆弧插补
			G03	逆时针方向的圆弧插补
3	终点位置	G90 模态	X、Y、Z 中的两轴指令	当前工件坐标系中终点位置的坐标值
		G91 模态	X、Y、Z 中的两轴指令	从起点到终点的距离(有方向的)
4	起点到圆心的距离		I、J、K 中的两轴指令	从起点到圆心的距离(有方向的)
	圆弧半径		R	圆弧半径
5	进给率		F	沿圆弧运动的速度

关于圆弧的方向，对于 X-Y 平面来说，是由 Z 轴的正向往 Z 轴的负向看 X-Y 平面所看到的圆弧方向，同样，对于 X-Z 平面或 Y-Z 平面来说，观测的方向则应该是从 Y 轴或 X 轴的正向到 Y 轴或 X 轴的负向（适用于右手坐标系，如图 3-13 所示）。

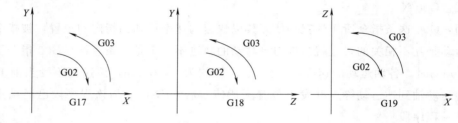

图 3-13　圆弧的方向

圆弧的终点由地址 X、Y 和 Z 来确定。在 G90 模态，即绝对值模态下，地址 X、Y、Z 给出了圆弧终点在当前坐标系中的坐标值；在 G91 模态，即增量值模态下，地址 X、Y、Z 给出的则是在各坐标轴方向上当前刀具所在点到终点的距离。在 X 方向，地址 I 给定了当前刀具所在点到圆心的距离，在 Y 和 Z 方向，当前刀具所在点到圆心的距离分别由地址 J 和 K 来给定，I、J、K 的值的符号由它们的方向来确定。

对一段圆弧进行编程，除了用给定终点位置和圆心位置的方法外，还可以用给定半径和终点位置的方法对一段圆弧进行编程，用地址 R 来给定半径值，替代给定圆心位置的地址。R 的值有正负之分，一个正的 R 值用来编程一段小于 180°的圆弧，一个负的 R 值编程的则是一段大于 180°的圆弧。编程一个整圆只能使用给定圆心的方法。

六、进给功能

1. 进给速度

数控机床的进给一般地可以分为两类：快速定位进给及切削进给。快速定位进给在指令 G00、手动快速移动以及固定循环时的快速进给和点位之间的运动时出现。快速定位进给的速度是由机床参数给定的。

切削进给出现在 G01、G02/03 以及固定循环中的加工进给的情况下，切削进给的速度由地址 F 给定。在加工程序中，F 是一个模态的值，即在给定一个新的 F 值之前，原来编程的 F 值一直有效。

2. 暂停（G04）

格式：G04 P　；或 G04 X　　；

作用：在两个程序段之间产生一段时间的暂停。

说明：地址 P 或 X 给定暂停的时间，以 s 为单位，范围是 0. 001～9999. 999s。如果没有 P 或 X，G04 在程序中的作用与 G09 相同。

七、T 代码

机床刀具库使用任意选刀方式，即由两位的 T 代码 T×× 指定刀具号而不必管这把刀在哪一个刀套中，地址 T 的取值范围可以是 1～99 之间的任意整数，在 M06 之前必须有一个 T 码，如果 T 指令和 M06 出现在同一程序段中，则 T 码也要写在 M06 之前。

八、主轴转速指令（S 代码）

一般机床主轴转速范围是 20～6000r/min（转每分）。主轴的转速指令由 S 代码给出，S 代码是模态的，即转速值给定后始终有效，直到另一个 S 代码改变模态值。主轴的旋转指令则由 M03 或 M04 实现。

九、关于参考点的指令（G28、G29）

1. 自动返回参考点 G28

格式：G28 X _____ Y _____ Z _____；

该指令使指令轴以快速定位进给速度经由地址指定的中间点返回机床参考点，中间点的指定既可以是绝对值方式的也可以是增量值方式的，这取决于当前的模态。一般地，该指令用于整个加工程序结束后使工件移出加工区，以便卸下加工完毕的零件和装夹待加工的零件。

G28 指令中的坐标值将被 NC 作为中间点存储，另一方面，如果一个轴没有被包含在 G28 指令中，NC 存储的该轴的中间点坐标值将使用以前的 G28 指令中所给定的值。例如：

N10　X20.0　Y54.0；
N20　G28　X－40.0　Y－25.0；　　　　　中间点坐标值（－40.0，－25.0）
N30　G28　Z31.0；　　　　　　　　　　中间点坐标值（－40.0，－25.0，31.0）

2. 从参考点自动返回（G29）

格式：G29 X _____ Y _____ Z _____；

该命令使被指令轴以快速定位进给速度从参考点经由中间点运动到指令位置，中间点的位置由以前的 G28 指令确定。一般地，该指令用在 G28 之后。

十、程序正文结构

1. 地址和词

在加工程序正文中，一个英文字母被称为一个地址，一个地址后面跟着一个数字就组成了一个词。每个地址有不同的意义，它们后面所跟的数字也因此具有不同的格式和取值范围，参见表 3-4。

表 3-4　地址字母的含义

功能	地址	取值范围	含　　义
程序号	O	1～9999	程序号
顺序号	N	1～9999	顺序号
准备功能	G	00～99	指定数控功能

功能	地址	取值范围	含　义
尺寸定义	X,Y,Z	±99999.999mm	坐标位置值
	R		圆弧半径,圆角半径
	I,J,K	±9999.9999mm	圆心坐标位置值
进给速率	F	1～100.000mm/min	进给速率
主轴转速	S	1～4000r/min	主轴转速值
选刀	T	0～99	刀具号
辅助功能	M	0～99	辅助功能 M 代码号
刀具偏置号	H,D	1～200	指定刀具偏置号
暂停时间	P,X	0～99999.999s	暂停时间(ms)
指定子程序号	P	1～9999	调用子程序用
重复次数	P,L	1～999	调用子程序用
参数	P,Q	P 为 0～99999.999 Q 为 ±99999.999mm	固定循环参数

2. 程序段结构

一个加工程序由许多程序段构成，程序段是构成加工程序的基本单位。程序段由一个或更多的词构成并以程序段结束符（EOB，ISO 代码为 LF，EIA 代码为 CR，屏幕显示为";"）作为结尾。另外，一个程序段的开头可以有一个可选的顺序号 N××××用来标识该程序段，一般来说，顺序号有两个作用：一是运行程序时便于监控程序的运行情况，因为在任何时候，程序号和顺序号总是显示在 CRT 的右上角；二是在分段跳转时，必须使用顺序号来标识调用或跳转位置。必须注意，程序段执行的顺序只和它们在程序存储器中所处的位置有关，而与它们的顺序号无关，也就是说，如果顺序号为 N20 的程序段出现在顺序号为 N10 的程序段前面，也一样先执行顺序号为 N20 的程序段。如果某一程序段的第一个字符为"/"，则表示该程序段为条件程序段，即可选跳段开关在上位时，不执行该程序段，而可选跳段开关在下位时，该程序段才能被执行。

3. 主程序和子程序

加工程序分为主程序和子程序，一般地，NC 执行主程序的指令，但当执行到一条子程序调用指令时，NC 转向执行子程序，在子程序中执行到返回指令时，再回到主程序。

当加工程序需要多次运行一段同样的轨迹时，可以将这段轨迹编成子程序存储在机床的程序存储器中，每次在程序中需要执行这段轨迹时便可以调用该子程序。

当一个主程序调用一个子程序时，该子程序可以调用另一个子程序，这样的情况，称之为子程序的两重嵌套。一般机床可以允许最多达四重的子程序嵌套。在调用子程序指令中，可以指令重复执行所调用的子程序，可以指令重复最多达 999 次。

一个子程序应该具有如下格式：

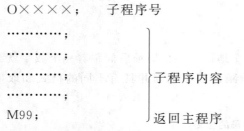

O××××；　　子程序号

…………；

…………；

…………；　⎫

…………；　⎬子程序内容

M99；　　　　⎭返回主程序

在程序的开始，应该有一个由地址 O 指定的子程序号，在程序的结尾，返回主程序的指令 M99 是必不可少的。M99 可以不必出现在一个单独的程序段中，作为子程序的结尾，这样的程序段也是可以的：

G90 G00 X0 Y100. M99;

在主程序中，调用子程序的程序段应包含如下内容：

M98 P×××××××;

在这里，地址 P 后面所跟的数字中，后面的四位用于指定被调用的子程序的程序号，前面的三位用于指定调用的重复次数。

M98 P51002; 调用 1002 号子程序，重复 5 次。

M98 P1002; 调用 1002 号子程序，重复 1 次。

M98 P50004; 调用 4 号子程序，重复 5 次。

子程序调用指令可以和运动指令出现在同一程序段中：

G90 G00 X−75. Y50. Z53. M98 P40035;

该程序段指令 X、Y、Z 三轴以快速定位进给速度运动到指令位置，然后调用执行 4 次 35 号子程序。

包含子程序调用的主程序，程序执行顺序如下例：

和其他 M 代码不同，M98 和 M99 执行时，不向机床侧发送信号。

当 NC 找不到地址 P 指定的程序号时，发出 PS078 报警。

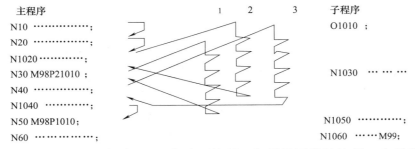

子程序调用指令 M98 不能在 MDI 方式下执行，如果需要单独执行一个子程序，可以在程序编辑方式下编辑如下程序，并在自动运行方式下执行。

××××;

M98 P××××;

M02（或 M30）;

在 M99 返回主程序指令中，可以用地址 P 来指定一个顺序号，当这样的一个 M99 指令在子程序中被执行时，返回主程序后并不是执行紧接着调用子程序的程序段后的那个程序段，而是转向执行具有地址 P 指定的顺序号的那个程序段。如下例：

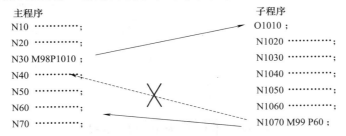

案例教学

如图 3-14 所示的凹模板，材料为 Cr12，尺寸如图所示，所选立铣刀直径为 $\phi20mm$。加工程序见表 3-5。

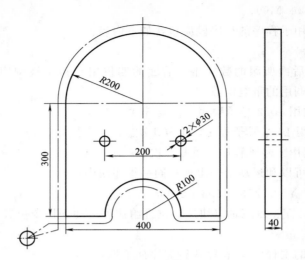

图 3-14 凹模板

表 3-5 加工程序

程序	注释
O1000	程序代号
N010 G90 G54 G00 X−50.0 Y−50.0	G54 加工坐标系，快速进给至 $X=-50$mm，$Y=-50$mm
N020 S800 M03	主轴正转，转速 800r/min
N030 G43 G00 H12	刀具长度补偿 H12＝20mm
N040 G01 Z−20.0 F300	Z 轴加工至 $Z=-20$mm
N050 M98 P1010	调用子程序 1010
N060 Z−45.0 F300	Z 轴加工进至 $Z=45$mm
N070 M98 P1010	调用子程序 1010
N080 G49 G00 Z300	Z 轴快移至 $Z=300$mm
N090 G28 Z300.0	Z 轴返回参考点
Nl00 G28 X0 Y0	X、Y 轴返回参考点
N110 M30	主程序结束
O1010	子程序代号
N010 G42 G01 X−30.0 Y0 F300 H22 M08	切削液开，直线插补至 $X=-30$mm，$Y=0$，刀具半径右补偿 H22＝10mm
N020 X100.0	直线插补至 $X=100$mm，$Y=0$
N030 G02 X300.0 R100.0	顺圆插补至 $X=300$mm，$Y=0$
N040 G01 X400.0	直线插补至 $X=400$mm，$Y=0$
N050 Y300.0	直线插补至 $X=400$mm，$Y=300$mm
N060 G03 X0 R200.0	逆圆插补至 $X=0$，$Y=300$mm
N070 G01 Y−30.0	直线插补至 $X=0$，$Y=-30$mm
N080 G40 G01 X−50.0 Y−50.0	直线插补至 $X=-50$mm，$Y=-50$mm 取消刀具半径补偿
N090 M09	切削液关
N100 M99	子程序结束并返回主程序

任务 4　简化编程功能指令

　　说明：任务 4 的具体内容是，掌握常用的固定循环钻孔指令，掌握常用的固定循环镗孔指令，掌握螺纹加工循环指令。通过这一具体任务的实施，能够简化编程指令。

知识点与技能点

1. 常用的固定循环钻孔指令。
2. 常用的固定循环镗孔指令。
3. 螺纹加工循环指令。

相关知识

一、孔加工固定循环（G73，G74，G76，G80～G89）

应用孔加工固定循环功能，使得其他方法需要几个程序段完成的功能在一个程序段内完成。表 3-6 列出了所有的孔加工固定循环。一般地，一个孔加工固定循环完成以下 6 步操作（见图 3-15）：X、Y 轴快速定位；Z 轴快速定位到 R 点；孔加工；孔底动作；Z 轴返回 R 点；Z 轴快速返回初始点。

表 3-6 孔加工固定循环

G 代码	加工运动（Z 轴负向）	孔底动作	返回运动（Z 轴正向）	应用
G73	分次，切削进给	—	快速定位进给	高速深孔钻削
G74	切削进给	暂停-主轴正转	切削进给	左螺纹攻螺纹
G76	切削进给	主轴定向，让刀	快速定位进给	精镗循环
G80	—	—	—	取消固定循环
G81	切削进给	—	快速定位进给	普通钻削循环
G82	切削进给	暂停	快速定位进给	钻削或粗镗削
G83	分次，切削进给	—	快速定位进给	深孔钻削循环
G84	切削进给	暂停-主轴反转	切削进给	右螺纹攻螺纹
G85	切削进给		切削进给	镗削循环
G86	切削进给	主轴停	快速定位进给	镗削循环
G87	切削进给	主轴正转	快速定位进给	反镗削循环
G88	切削进给	暂停-主轴停	手动	镗削循环
G89	切削进给	暂停	切削进给	镗削循环

二、常用的固定循环钻孔指令

1. 钻孔、点钻循环指令 G81

该指令只用于钻中心引导孔，钻浅孔或薄板上钻孔。

指令编程格式：（G98/G99） G81 X ____ Y ____ Z ____ R ____ F ____ ;

G98 指令的功能是使刀具退回时直接返回到初始平面。所谓初始平面是在执行 G81 指令前刀具所到达的定位点所在的平面。

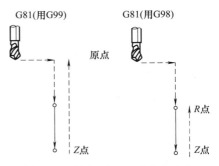

图 3-15 孔加工循环的六个动作

G99 指令的功能是使刀具退回时只返回到转换点 R 所在的平面。所谓 R 平面是在执行 G81 指令过程中设定的刀具钻孔后抬刀到达点的平面。G81 的循环动作如图 3-13 所示。即

G81 钻孔循环指令的动作节拍为四步：①从某点快速移动到钻孔中心（X、Y）点；②快速下降到 R 点；③直线插补进给（F____）；④快速返回 R 点（G99）或初始平面（G98）。

指令格式中的 X、Y 为指定平面上的孔的中心坐标值。

以 Z 轴为钻孔轴时，指令格式中的 Z 值是：

在 G91 编程时，Z 值是从转换点 R 到孔底的距离；

在 G90 编程时，Z 值是钻孔时钻头到达孔底的坐标值。

指令格式中的 R 值为：

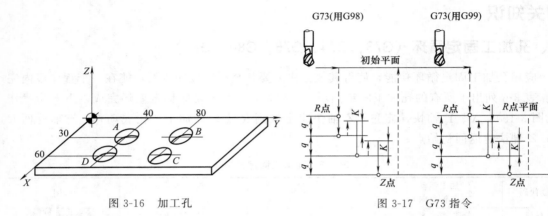

图 3-16　加工孔　　　　　　　　图 3-17　G73 指令

在 G91 编程时，R 值是刀位点从初始平面到 R 点的距离；

在 G90 编程时，R 值是 R 点的坐标值。

编程示例：在图 3-16 中，设 A 孔中心的坐标值为（30，40），B 孔中心的坐标值为（30，80），C 孔中心的坐标值为（60，80），D 孔中心的坐标值为（60，40），孔深为 5mm。设 R＝5mm。孔径 φ10mm，选用 φ10 的钻头直接钻削。

程序如下。

O5111；

G54 G90；　　　　　　　　　　选 G54 为工件坐标系，绝对值编程；

M03 S600；

G00 X0.0 Y0.0 Z20.0；　　　　将钻头快速移到工件坐标系原点，Z20.0 即为初始平面；

G99 G81 X30.0 Y40.0 Z－10.0 R5.0 F100；　　　钻 A 孔，返回 R 平面；

G99 G81 X30.0 Y80.0 Z－10.0 R5.0 F100；　　　钻 B 孔，返回 R 平面；

G99 G81 X60.0 Y80.0 Z－10.0 R5.0 F100；　　　钻 C 孔，返回 R 平面；

G99 G81 X60.0 Y40.0 Z－10.0 R5.0 F100；　　　钻 D 孔，返回 R 平面；

G00X0.0 Y0.0 Z20.0；　　　　　将钻头快速移到工件坐标系原点；

G80；　　　　　　　　　　　　取消固定循环指令；

M05；

M30；

2. 断屑式深孔钻削循环指令 G73

G73 指令适用于深孔钻削，具有良好的断屑、排屑功能。

指令编程格式：（G98/G99）G73 X____ Y____ Z____ R____ Q____ K____ F____；

式中　Q——刀具每次的切削深度，Q 值为负值，刀具向下进给一个 Q 值；

K——刀具每次进刀后的退刀量，K 值为正值，刀具向上快退一个 K 值。

K 值小于 Q 值。

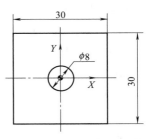

图 3-18 φ8 孔的加工程序

使用 G73 指令时，刀具在 Z 轴方向做间歇进给钻削，便于断屑排屑。G73 的循环动作如图 3-17 所示。

编程示例：用断屑式深孔钻削循环指令 G73 编制如图 3-18 所示中 φ8 孔的加工程序。钻孔深度 40mm。G73 指令的参数确定为：$R=5.0$；$Q=-5.0$；$K=2.0$；$F=100$。

O5112；	程序名；
G54 G90；	选 G54 为工件坐标系，绝对值编程；
M03 S600；	
G00 X0.0 Y0.0 Z20.0；	将钻头快速移到工件坐标系原点，Z20.0 即为初始平面；
G98 G73 X0.0 Y0.0 Z−45.0 R5.0 Q−5.0 K2.0 F100；G73	钻孔，返回初始平面；
G80；	取消固定循环指令；
M05；	
M30；	

3. 带停顿的钻孔循环指令 G82

G82 指令用于钻盲孔。钻盲孔时，可使钻头在孔底暂停，暂停时间由 P 指定。

指令编程格式：(G98/G99) G82 X____ Y____ Z____ R____ P____ F____；

式中：P——指定刀具在孔底的停留时间，单位为 ms。

G82 的循环动作如图 3-19 所示。

编程示例

用带停顿的钻孔循环指令编制图 3-20 中各孔加工程序。设 A 孔中心的坐标值为（30,40），设 B 孔中心的坐标值为（30,80），设 C 孔中心的坐标值为（60,80），设 D 孔中心的坐标值为（60,40），孔深为 5mm，孔 φ10mm。选用 φ10 的钻头加工。设 $R=5.0$mm，$P=200$ms。程序如下：

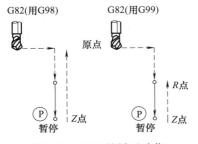

图 3-19 G82 的循环动作

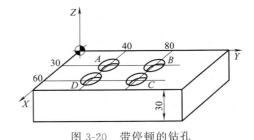

图 3-20 带停顿的钻孔

O5113；	程序名；
G54 G90；	选 G54 为工件坐标系，绝对值编程；
M03 S600；	
G00 X0.0 Y0.0 Z20.0；	将钻头快速移到工件坐标系原点，Z20.0 即为初始平面；
G99 G82 X30.0 Y40.0 Z5.0 R5.0 P200 F80；	钻 A 孔，返回 R 平面；

G99 G82 X30.0 Y80.0 Z5.0 R5.0 P200 F80；钻 *B* 孔，返回 *R* 平面；

G99 G82 X60.0 Y80.0 Z5.0 R5.0 P200 F80；钻 *C* 孔，返回 *R* 平面；

G99 G82 X60.0 Y40.0 Z5.0 R5.0 P200 F80；钻 *D* 孔，返回 *R* 平面；

G00 X0.0 Y0.0 Z20.0；　　　　　将钻头快速移到工件坐标系原点；

G80；　　　　　　　　　　　　取消固定循环指令；

M05；

M30；

三、常用的固定循环镗孔指令

1. 粗镗循环指令 G85

用 G85 粗镗孔时，刀具从 *R* 点运动到 *Z* 点期间，主轴正转，刀具沿 *Z* 轴负向进给到孔底部，然后主轴以快速沿 *Z* 轴退出。G85 的循环动作如图 3-21 所示。

指令编程格式：

（G98/G99）G85 X ____ Y ____ Z ____ R ____ F ____；

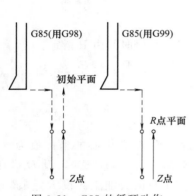

图 3-21　G85 的循环动作

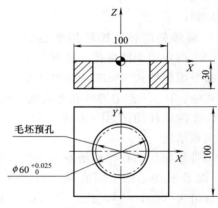

图 3-22　粗镗加工

编程示例：

编制如图 3-22 所示工件中 φ60 孔的粗镗加工编程。设毛坯预孔为 φ54，粗镗加工余量单边 2.0mm。刀具孔底下沿 5.0mm。*R*＝5.0mm。

加工程序

O5211；　　　　　　　　　　　程序名；

G54 G90 G80；　　　　　　　　选 G54 为工件坐标系，绝对值编程，系统初始化；

M03 S600；

G00 X0.0 Y0.0 Z100.0；

Z30.0；　　　　　　　　　　　快速移到孔定位点，Z30.0 即为初始平面；

G99 G85 X0.0 Y0.0 Z−35.0 R5.0 F80；G85 粗镗孔循环；

G00 Z100.0；　　　　　　　　　抬刀；

M05；

M30；

2. 半精镗循环指令 G86

用 G86 半精镗孔时，刀具从 R 点运动到 Z 点期间，主轴正转，刀具沿 Z 轴负向进给到孔底部，主轴停止，然后主轴以快速沿 Z 轴退出。G86 的循环动作如图 3-23 所示。

指令编程格式

(G98/G99) G86 X ＿＿ Y ＿＿ Z ＿＿ R ＿＿ F ＿＿；

编程示例：

编制如图 3-22 所示工件中 $\phi 60$ 孔的半精镗加工编程。毛坯已经过粗镗加工，直径为 $\phi 58$，半精镗留余量单边 0.2mm。刀具孔底下沿 5.0mm。$R=5.0$mm。

加工程序：

O5212；	程序名；
G54 G90 G80；	选 G54 为工件坐标系，绝对值编程，系统初始化；
M03 S600；	
G00 X0.0 Y0.0 Z100.0；	
Z30.0；	快速移到孔定位点，Z30.0 即为初始平面；
G99 G86 X0.0 Y0.0 Z−35.0 R5.0 F80；	G86 半精镗孔循环；
G00 Z100.0；	抬刀；
M05；	
M30；	

3. 精镗循环指令 G76

用 G76 精镗孔时，主轴按进给速度从 R 点运动到孔底时，主轴定向停止，向刀尖相反方向移动一个 q 值，实现让刀，然后主轴以快速沿 Z 轴退出。这种带有让刀的退刀不会划伤已加工表面，保证了镗孔质量，向刀尖相反方向移动值 q 必须为正值，位移方向由 MDI 决定，可为 $\pm X$、$\pm Y$ 中的任意一个。G76 的循环动作如图 3-24 所示。

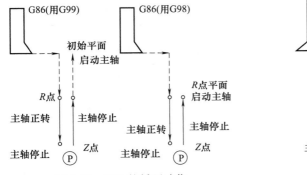

图 3-23　G86 的循环动作

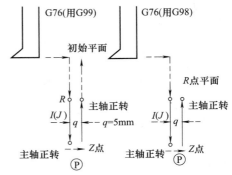

图 3-24　G76 的循环动作

指令编程格式：

(G98/G99) G76 X ＿＿ Y ＿＿ Z ＿＿ R ＿＿ I (J) q F ＿＿；

式中：I (J)——向刀尖相反方向移动的方向，其值为 q。

编程示例：

编制如图 3-20 所示工件中 $\phi 60$ 孔的精镗加工编程。毛坯已经过粗镗、半精镗加工，直径为 $\phi 59.6$，精镗加工余量单边 0.2mm。刀具孔底下沿 5.0mm。$R=5.0$mm。$I=2.0$mm。

加工程序：

O5213；   程序名；

G54 G90 G80；   选 G54 为工件坐标系，绝对值编程，系统初始化；

M03 S600；

G00 X0.0 Y0.0 Z100.0；

Z30.0；   快速移到孔定位点，Z30.0 即为初始平面；

G99 G76 X0.0 Y0.0 Z－35.0 R5.0 F80；G76 半精镗孔循环；

G00 Z100.0；   抬刀；

M05；

M30；

四、常用的固定循环螺纹加工指令

1. 攻右旋螺纹循环指令 G84

用 G84 攻右旋螺纹时，要选用定尺寸的螺纹成形刀具——丝锥，刀具从 R 点运动到孔底 Z 点，刀具沿 Z 轴向下保持主轴以每转进给一个螺距的进给速度，主轴正转，加工到孔底部时，主轴暂停后反转，刀具以进给速度反向退出。主轴退到 R 点平面后，再次暂停，再次变换旋转方向。所有这些，都是由系统自动完成的。G84 的循环动作如图3-25所示。

指令编程格式：

（G99/G98）G84 X ＿＿ Y ＿＿ Z ＿＿ R ＿＿ F ＿＿ L ＿＿；

式中　F——进给速度，必须是 F＝螺距；

　　　L——固定循环动作的重复次数；

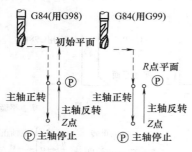

图 3-25　G84 的循环动作

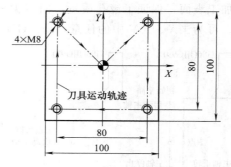

图 3-26　加工螺纹孔

编程示例：

加工图 3-26 板件中的四个 M8 螺纹孔，板厚 30mm，螺纹底孔已加工完成。选择 M8 丝锥，螺距为 1.25mm。设 $S＝600$，$R＝5.0$，$L＝3$，丝锥下延 8mm。坐标系设在上表面几何中心处。

O5310；

G54 G90 G80；   工件坐标系 G54，绝对值编程，取消固定循环；

M03 S600；

G00 X0.0 Y0.0 Z100.0；

X40.0 Y40.0 Z20.0；   快速定位到坐标原点，Z20.0 为初始平面；

G99 G91 G84 X40.0 Y40.0 Z－38.0 R5.0 F1.25 L3；   G84 右攻螺纹，同孔循

X40.0 Y－40.0；   环 3 次，加工四孔；

X－40.0 Y－40.0；

X－40.0 Y40.0；

X0.0 Y0.0 Z100.0；   快速抬刀到坐标原点；

M05；

M30；

2. 镗削右旋螺纹循环指令 G76

G76 指令是精镗孔循环指令，但在用该指令镗削螺纹孔时必须使用进给速度单位设定指令 G95，设定主轴每转进给量。

指令编程格式：

(G98/G99) G95 G76 X＿＿＿ Y＿＿＿ Z＿＿＿ R＿＿＿ I (J) q F＿＿＿；

式中　I (J)——向刀尖相反方向移动的方向，其值为 q。q 应大于螺纹牙高。

五、使用孔加工固定循环的注意事项

① 编程时需注意在固定循环指令之前，必须先使用 S 和 M 代码指令主轴旋转。

② 在固定循环模态下，包含 X、Y、Z、R 的程序段将执行固定循环，如果一个程序段不包含上列的任何一个地址，则在该程序段中将不执行固定循环，G04 中的地址 X 除外。另外，G04 中的地址 P 不会改变孔加工参数中的 P 值。

③ 孔加工参数 Q、P 必须在固定循环被执行的程序段中被指定，否则指令的 Q、P 值无效。

④ 在执行含有主轴控制的固定循环（如 G74、G76、G84 等）过程中，刀具开始切削进给时，主轴有可能还没有达到指令转速。这种情况下，需要在孔加工操作之间加入 G04 暂停指令。

任务 5　加工中心编程

说明：任务 5 的具体内容是，掌握加工中心编程要点，掌握孔系加工路线的确定，掌握加工中心编程指令及编程方法。通过这一具体任务的实施，能够编写加工中心程序。

知识点与技能点

1. 加工中心编程要点。

2. 孔系加工路线的确定。

3. 加工中心编程指令及编程方法。

相关知识

一、加工中心编程要点

① 要周密、合理地安排各工序加工顺序，提高加工精度和生产率。

② 根据批量等情况，决定采用自动换刀还是手动换刀。一般对批量在 10 件以上，而刀具更换频繁时，以采用自动换刀为宜。但当加工批量很小而使用的刀具种类又不多时，把自

动换刀安排到程序中，反而会增加机床的调整时间，最好采用手动换刀。

③ 自动换刀要留出足够的换刀空间。有些刀具直径较大或尺寸较长，自动换刀时要注意避免发生撞刀事故。

④ 尽量把不同工序内容的程序，分别安排到不同的子程序中，或按工序顺序添加程序段号标记。当零件加工程序较多时，为便于程序调试，一般将各工序内容分别安排到不同的子程序中。主程序内容主要是完成换刀及子程序调用的指令。

⑤ 尽可能地利用机床数控系统本身所提供的镜像、旋转、固定循环和宏指令编程处理的功能。

二、孔系加工的进给路线的确定

在加工中心上加工孔系时，刀具的移动过程是：先将刀具在 XY 平面内迅速、准确地运动到孔中心线位置，然后再沿 Z 向运动进行加工。因此，孔加工进给路线的确定包括以下内容。

1. 在 XY 平面内的进给路线

加工孔系时，刀具在 XY 平面内属于点位运动，因此确定进给路线时主要考虑定位要迅速、准确。

例如，加工图 3-27（a）所示零件中的 10 个孔，图 3-27（b）所示 1—2—7—3—8—4—9—6—5—10 进给路线比图 3-27（c）所示 1—2—3—4—5—6—7—8—9—10 进给路线节省定位时间近一半。这是因为点位运动通常是沿 X、Y 坐标轴方向同时快速移动的，当 X、Y 轴各自移距不同时，短移距方向的运动先停，待长移距方向的运动停止后刀具才达到目标位置。图 3-27（b）所示路线沿两轴方向的移距接近，因此定位过程迅速。

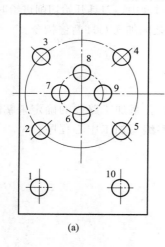
(a)

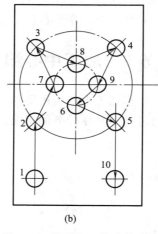
(b)

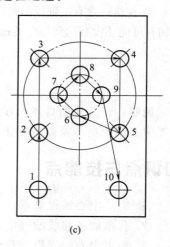
(c)

图 3-27　孔系加工的进给路线

定位准确即要确保孔的位置精度，避免受机械进给系统反向间隙的影响，如图 3-28 所示。按图 3-28（b）所示 1—2—3—4 路线加工，Y 向反向间隙会使误差增加，从而影响 3、4 孔与其他孔的位置精度；按图 3-28（c）所示 1—2—3—P—4 路线加工，可避免反向间隙的带入。

通常定位迅速和定位准确有时难以同时满足，上述图 3-28（b）是按最短路线进给的，满足了定位迅速，但因不是从同一方向趋近目标的，故难以做到定位准确；图 3-28（c）是从同一方向趋近目标位置的，满足了定位准确，但又非最短路线，没有满足定位迅速的要求。因此，在具体加工中应抓主要矛盾，若按最短路线进给能保证位置精度，则取最短路

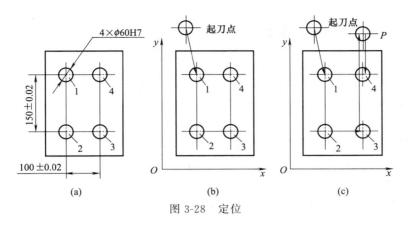

图 3-28　定位

线；反之，应取能保证定位准确的路线。

2. Z 向（轴向）的进给路线

为缩短刀具的空行程时间，Z 向的进给分快进（即快速接近工件）和工进（工作进给）。刀具在开始加工前，要快速运动到距待加工表面一定距离（切入距离）的 R 平面上，然后才能以工作进给速度进行切削加工。图 3-29（a）所示为加工单孔时刀具的进给路线（进给距离）。加工多孔时，为减少刀具空行程时间，切完前一个孔后，刀具只需退到 R 平面即可沿 X、Y 坐标轴方向快速移动到下一孔位，其进给路线如图 3-29（b）所示。

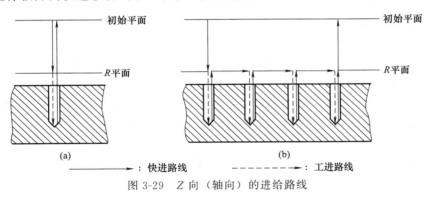

图 3-29　Z 向（轴向）的进给路线

在工作进给路线中，工进距离 Z_p 除包括被加工孔的深度 H 外，还应包括切入距离 Z_a、切出距离 Z_o（加工通孔）和钻尖（顶角）长度 T_t，如图 3-30 所示。

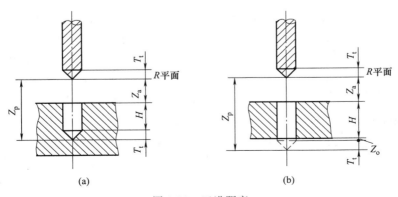

图 3-30　工进距离

三、加工中心换刀程序的编写

1. 换刀指令的功能与含义

不同数控系统的加工中心，其换刀程序是不同的，通常选刀和换刀分开进行。选刀指令由 T 功能指令完成，换刀指令由 M06 实现，M19 实现主轴定向停止，确保主轴停止的方位和装刀标记方位一致。换刀完毕启动主轴后，方可进行下面程序段的加工。选刀可与机床加工重合起来，即利用切削时间进行选刀。多数加工中心都规定了换刀点位置，即定距换刀。主轴只有走到这个位置，机械手才能松开，执行换刀动作。一般立式加工中心规定换刀点的位置在机床 Z0（即机床坐标系 Z 轴零点处），卧式加工中心规定在 Y0（即机床坐标系 Y 轴零点处）。

对于不采用机械手换刀的立、卧式加工中心而言，它们在进行换刀动作之时，是先取下主轴上的刀具，再进行刀库转位的选刀动作；然后，再换上新的刀具。其选刀动作和换刀动作无法分开进行，故编程上一般用"Txx M06"的形式。而对于采用机械手换刀的加工中心来说，合理地安排选刀和换刀的指令，是其加工编程的要点。因此，对这类机床有必要首先来领会一下"T01M06"和"M06T01"的本质区别。

"T01M06"是先执行选刀指令 T01，再执行换刀指令 M06。它是先由刀库转动将 T01 号刀具送到换刀位置上后，再由机械手实施换刀动作。换刀以后，主轴上装夹的就是 T01 号刀具，而刀库中目前换刀位置上安放的则是刚换下的旧刀具。执行完"T01M06"后，刀库即保持当前刀具安放位置不动。

"M06T01"是先执行换刀指令 M06，再执行选刀指令 T01。它是先由机械手实施换刀动作，将主轴上原有的刀具和目前刀库中当前换刀位置上已有的刀具（上一次选刀 T00 指令所选好的刀具）进行互换；然后，再由刀库转动将 T01 号刀具送到换刀位置上，为下次换刀作准备。换刀前后，主轴上装夹的都不是 T01 号刀具。执行完"M06T01"后，刀库中目前换刀位置上安放的则是 T01 号刀具，它是为下一个 M06 换刀指令预先选好的刀具。

2. 在对加工中心进行换刀动作的编程安排时应考虑的问题

① 换刀动作必须在主轴停转的条件下进行，且必须实现主轴准停即定向停止（用 M19 指令）。

② 换刀点的位置应根据所用机床的要求安排，有的机床要求必须将换刀位置安排在参考点处或至少应让 Z 轴方向返回参考点，这时就要使用 G28 指令。有的机床则允许用 U 参数设定第二参考点作为换刀位置，这时就可在换刀程序前安排 G30 指令。无论如何，换刀点的位置应远离工件及夹具，应保证有足够的换刀空间。

③ 为了节省自动换刀时间，提高加工效率，应将选刀动作与机床加工动作在时间上重合起来。比如，可将选刀动作指令安排在换刀前的回参考点移动过程中，如果返回参考点所用的时间小于选刀动作时间，则应将选刀动作安排在换刀前的耗时较长的加工程序段中。

④ 若换刀位置在参考点处，换刀完成后，可使用 G29 指令返回到下一道工序的加工起始位置。

⑤ 换刀完毕后，不要忘记安排重新启动主轴的指令，否则加工将无法持续。

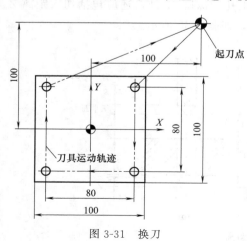

图 3-31　换刀

3. 换刀程序示例（无机械手换刀）

加工图 3-31 所示零件中的各孔。使用的刀具：T01——中心钻；T02——ϕ7.8 钻头；T03——ϕ8 机用铰刀。以中心钻为基准刀，设 T02 对应 H02，T03 对应 H03。加工过程为：中心钻钻定位孔—钻孔—铰孔。

加工程序

程序	注释
O6110;	程序名；
G54 G90 G80 G49;	系统初始化；
G28 Z0.0;	
T01 M06;	换 1 号刀；
M03 S1500;	
G00 X100.0 Y100.0 Z20.0;	
G99 G81 X40.0 Y40.0 Z−2.0 R5.0 F50;	
X40.0 Y−40.0;	G81 循环点钻孔，返回 R 平面；
X−40.0; Y40.0;	
G00 Z20.0;	
X100.0 Y100.0 Z100.0;	
G91 G28 Z0.0;	经当前点回参考点；
M05;	
T02 M06;	换 2 号刀；
M03 S1000;	
G00 G90 G43 X100.0 Y100.0 Z20.0 H02;	刀具长度补偿；
G99 G73 X40.0 Y40.0 Z−35.0 R5.0 Q−8.0 K2.0 F100;	
Y−40.0;	G73 循环钻孔，
X−40.0;	返回 R 平面；
Y40.0;	
G00 Z20.0;	
X100.0 Y100.0 Z100.0 G49;	取消刀具长度补偿；
G91 G28 Z0.0;	
M05;	
T03 M06;	换 3 号刀；
M03 S100;	
G00 G90 G43 X100.0 Y100.0 Z20.0 H03;	刀具长度补偿；
G99 G73 X40.0 Y40.0 Z−35.0 R5.0 Q−15.0 K5.0 F50;	
Y−40.0;	G73 循环铰（钻）孔，
X−40.0;	返回 R 平面；
Y40.0;	
G00 Z20.0	
X100.0 Y100.0 Z100.0 G49;	取消刀具长度补偿；
G91 G28 Z0.0;	当前点回参考点；
M05;	
T01 M06;	换 1 号刀；
G90;	
M30;	

案例教学

加工中心编程示例：如图 3-32 所示的模板，加工程序如下。

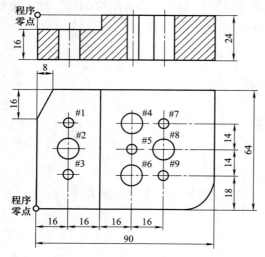

(a) 零件简图

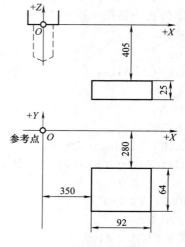

(b) 零件位置简图

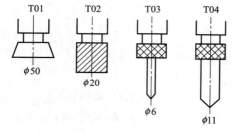

(c) 刀具简图

Offset NO	Value
01	350
02	344
03	366
04	331
05	310
06	276

#1、#5、#7孔 $\phi6$ 深10

#3、#9孔 $\phi6$ 通孔

#2、#6、#8孔 $\phi11$ 深10

#4孔 $\phi11$ 通孔

图 3-32　模板

```
O1111
N10   T01   M06;
G91   G00   G45   X0   H01;
G46   Y0   H02;
G92   X0   Y0   Z0;
G90   G44   Z10.0   H03 S1500   M03;
G00   X−30.0   Y40.0   M08;
G01   Z0   F150;
X80.0;
Y20.0;
X−30.0;
G28   Z10.0;
G00   X0   Y0;
M00;
N02   T02   M06;
```

G92　X0　Y0　Z0；

G90　G44　Z10.0　H04　S1000　M03；

G00　X9.9　Y－12.0　M08；

G01　Z－8.0　F150；

X76.0；

Y20.0；

X－12.0；

G28　Z10.0；

G00　X0　Y0；

M00；

N03　T03　M06；

G92　X0　Y0　Z0；

G90　G44　Z10.0　H05　M08　S1000　M03；

G99　G83　X15.0　Y18.0　Z－27.0　R－6.0　Q5　F100；

G98　Y46.0　Z－18.0；

G99　X62.0　R2.0　Z－27.0；

X46.0　Y32.0　Z－10.0；

X62.0　Y18.0；

G00　G80　X0　Y0；

G28　Z15.0；

M00；

N04　T04　M06；

G92　X0　Y0　Z0；

G90　G44　Z10.0　H06　M08　S700　M03；

G99　G83　X62.0　Y32.0　Z－10.0　R2.0　Q5　F100；

X46.0　Y46.0；

Y18.0　Z－27.0；

G98　X15.0　Y32.0　R－6.0　Z－18；

G00　G80；

G28　Z50.0；

G28　X0　Y0；

M30；

思考与练习

1. 什么是刀具半径补偿？

2. 什么是刀具长度补偿？

3. G98、G99 指令在孔加工循环指令中的作用是什么？

4. G81 指令适合加工什么类型的孔？

5. 较高精度的中小孔加工常选用什么样的加工工艺？

6. 铰孔加工属于哪种加工工序？

7. 扩孔钻与钻头有什么不同？

8. 孔深较小的大孔加工应尽量采用铣孔工艺还是镗孔工艺？为什么？

9. 写出 G73 指令的编程格式，解释各参数的含义。

10. 写出 G76 指令的编程格式，解释各参数的含义。

11. 写出 G84 指令的编程格式，解释各参数的含义。

12. 编写图 3-33 所示工件的加工程序。毛坯为 120×100×80 的标准坯料。

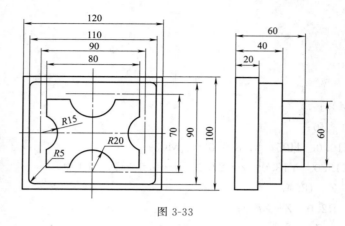

图 3-33

13. 编写图 3-34 所示工件的加工程序。毛坯为 120×120×40 的标准坯料。

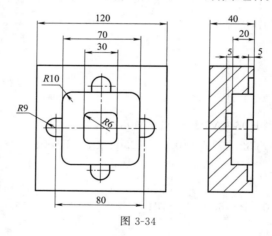

图 3-34

14. 详细制订图 3-35 所示工件的加工工艺过程，绘制各轮廓面的进给路线图。

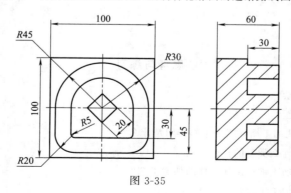

图 3-35

15. 编程、加工图 3-36 所示工件。毛坯为锻件，尺寸 $90 \times 90 \times 70$。

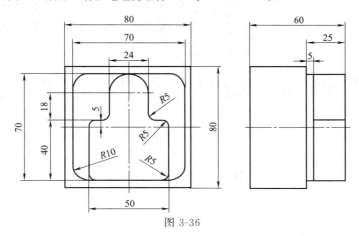

图 3-36

16. 编程、加工图 3-37 所示工件。毛坯为 $150 \times 150 \times 45$ 的标准坯料。

17. 写出图 3-38 所示各孔的加工工艺过程，编写加工程序。

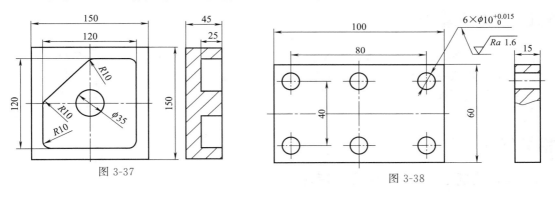

图 3-37

图 3-38

18. 写出图 3-39 所示各孔的加工工艺过程，编写加工程序。

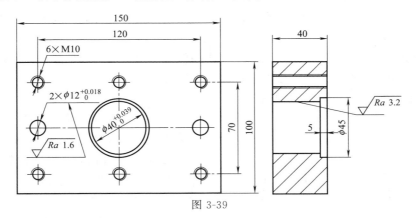

图 3-39

项目四 模具零件的特种加工

任务 1 电火花加工

说明：任务 1 的具体内容是，掌握电火花加工的工作原理和特点，了解影响电火花加工质量的主要工艺因素，掌握型孔和型腔加工的方法，通过这一具体任务的实施，对电火花加工有所了解。

知识点与技能点

1. 电火花加工的工作原理和特点。
2. 影响电火花加工质量的主要工艺因素。
3. 型孔、型腔加工的方法。

相关知识

一、电火花加工的工作原理和特点

1. 电火花加工原理

电火花加工是在一定介质中，通过工具电极和工件电极之间脉冲放电时的电腐蚀作用，对工件进行加工的一种工艺方法。

① 必须使接在不同极性上的工具和工件之间保持一定的距离以形成放电间隙。

② 放电必须在具有一定绝缘性的液体介质中进行。

③ 脉冲波形基本是单向的，如图 4-1 所示。

④ 有足够的脉冲放电能量，以保证放电部位的金属熔化或气化。图 4-2 所示是电火花加工的原理图，图 4-3 为放电状况微观图，图 4-4 为放凹坑剖面示意图，图 4-5 为加工表面局部放大图。

2. 电火花加工的特点

① 便于加工用机械加工难以加工或无法加工的材料。

② 电极和工件在加工过程中不接触，便于加工小孔、深孔、窄缝零件。

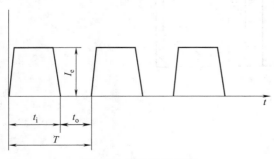

图 4-1 脉冲电流波形

③ 电极材料不必比工件材料硬。

④ 直接利用电能、热能进行加工，便于实现加工过程的自动控制。

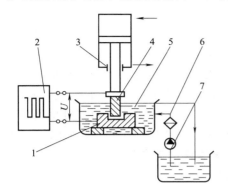

图 4-2　电火花加工的原理图

1—工件；2—脉冲电源；3—自动进给调节系统；4—工具电极；
5—工作液；6—过滤器；7—工作液泵

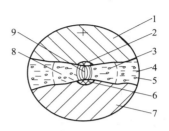

图 4-3　放电状况微观图

1—阳极；2—阳极气化、熔化区；3—熔化的金属微粒；
4—工作介质；5—凝固的金属微粒；6—阳极气化、
熔化区；7—阳极；8—气泡；9—放电通道

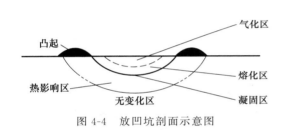

图 4-4　放凹坑剖面示意图

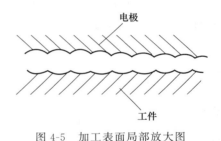

图 4-5　加工表面局部放大图

二、影响电火花加工质量的主要工艺因素

1. 影响加工精度的工艺因素

（1）电极损耗对加工精度的影响

① 型腔加工：用电极的体积损耗率来衡量。

$$C_V = \frac{V_E}{V_W} \times 100\%$$

式中　C_V——电极的体积损耗率；

　　　V_E——电极的体积损耗速度；

　　　V_W——工件的体积、蚀除速度。

② 穿孔加工：用长度损耗率来衡量。

$$C_L = \frac{h_E}{h_W}$$

式中　C_L——工具电极的长度损耗率；

　　　h_E——电极长度方向上的损耗尺寸；

　　　h_W——工件已加工出的深度尺寸。

（2）放电间隙对加工精度的影响

$$\delta = K_{\delta} t_i^{0.3} I_e^{0.3}$$

式中　δ——放电间隙；

　　　K_{δ}——与电极、工件材料有关的系数；

　　　t_i——脉冲宽度；

　　　I_e——放电峰值电流。

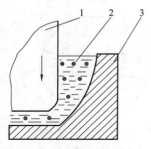

图 4-6　二次放电造成侧面间隙增大

1—工具；2—二次放电；3—工件

（3）加工斜度对加工精度的影响　在加工过程中随着加工深度的增加，二次放电次数增多，侧面间隙逐渐增大，使加工孔入口处的间隙大于出口处的间隙，出现加工斜度，使加工表面产生形状误差，如图 4-6 所示。

2. 影响表面质量的工艺因素

（1）表面粗糙度

$$Ra = K_{Ra} t_i^{0.3} I_e^{0.3}$$

式中　K_{Ra}——常数，一般取 2、3；

　　　I_e——极间放电峰值电流，A；

　　　t_i——放电时间，μs。

（2）表面变化层　经电火花加工后的表面将产生包括凝固层和热影响层的表面变化层，如图 4-7、图 4-8 所示。

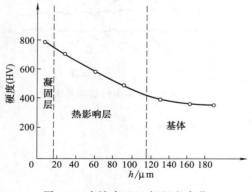

图 4-7　未淬火 T10 钢经电火花

加工后的表面显微硬度

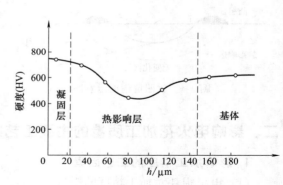

图 4-8　已淬火 T10 钢经电火花

加工后的表面显微硬度

① 凝固层　是工件表层材料在脉冲放电的瞬间高温作用下熔化后未能抛出，在脉冲放电结束后迅速冷却、凝固而保留下来的金属层。

② 热影响层　位于凝固层和工件基体材料之间，该层金属受到放电点传来的高温影响，使材料的金相组织发生了变化。

三、型孔加工

1. 保证凸、凹模配合间隙的方法

（1）直接法　用加长的钢凸模作电极加工凹模的型孔，加工后将凸模上的损耗部分去除。

（2）混合法　将凸模的加长部分选用与凸模不同的材料，与凸模一起加工，以粘接或钎焊部分作穿孔电极的工作部分。

（3）修配凸模法 凸模和工具电极分别制造，在凸模上留一定的修配余量，按电火花加工好的凹模型孔修配凸模，达到所要求的凸、凹模的配合间隙。

（4）二次电极法 利用一次电极制造出二次电极，再分别用一次和二次电极加工出凹模和凸模，并保证凸、凹模配合间隙。如图4-9所示。

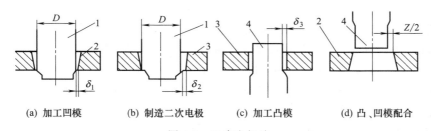

(a) 加工凹模　　(b) 制造二次电极　　(c) 加工凸模　　(d) 凸、凹模配合

图4-9　二次电极法

1——一次电极；2—凹模；3—二次电极；4—凸模

2. 电极设计

（1）电极材料 见表4-1。

表4-1　常见电极材料的性质

电极材料	电火花加工性能		机械加工性能	说　明
	加工稳定性	电极损耗		
钢	较差	中等	好	在选择电参数时应注意加工的稳定性，可用凸模作电极
铸铁	一般	中等	好	
石墨	较好	较小	较好	机械强度较差，易崩角
黄铜	好	大	较好	电极损耗太大
紫铜	好	较小	较差	磨削困难
铜钨合金	好	小	较好	价格贵，多用于深孔、直壁孔、硬质合金穿孔
银钨合金	好	小	较好	价格昂贵，用于精密及有特殊要求的加工

（2）电极结构

① 整体式电极 如图4-10所示。

② 组合式电极 如图4-11所示。

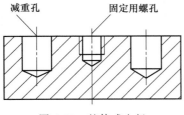

图4-10　整体式电极

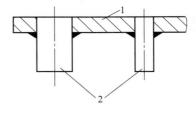

图4-11　组合式电极

1—固定板；2—电极

③ 镶拼式电极 对于形状复杂的电极整体加工有困难时，常将其分成几块，分别加工后再镶拼成整体。

（3）电极尺寸

① 电极横截面尺寸的确定 垂直于电极进给方向的电极截面尺寸称为电极的横截面尺寸。如图4-12所示，与型孔尺寸相应的尺寸为

$$a = A - 2\delta$$
$$b = B + 2\delta$$
$$c = C$$
$$r_1 = R_1 + \delta$$
$$r_2 = R_2 - \delta$$

式中　a、b、c、r_1、r_2——电极横截面基本尺寸，mm；

　　　A、B、C、R_1、R_2——型孔基本尺寸，mm；

　　　　　　　　　　δ——单边放电间隙，mm。

当按凸模尺寸和公差确定电极的截面尺寸时，随凸模、凹模配合间隙 Z（双面）的不同，分为三种情况。

$Z = 2\delta$ 时，电极与凸模截面基本尺寸完全相同。

$Z < 2\delta$ 时，电极轮廓应比凸模轮廓均匀地缩小一个数值 a_1，但形状相似。

$Z > 2\delta$ 时，电极轮廓应比凸模轮廓均匀地放大一个数值 a_1，但形状相似。

电极单边缩小或放大的数值：

$$a_1 = \frac{1}{2} \mid Z - 2\delta \mid$$

式中　a_1——电极横截面轮廓的单边缩小或放大量，mm；

　　　Z——凸、凹模双边配合间隙，mm；

　　　δ——单边放电间隙，mm。

② 电极长度尺寸的确定　如图 4-13 所示。

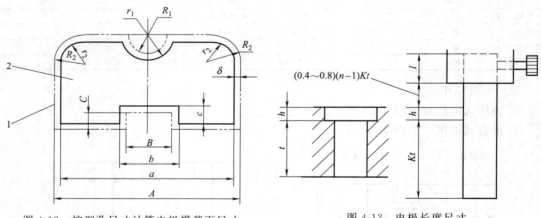

图 4-12　按型孔尺寸计算电极横截面尺寸
1—型孔轮廓；2—电极横截面

图 4-13　电极长度尺寸

$$L = Kt + h + l + (0.4 \sim 0.8)(n-1)Kt$$

式中　K——与电极材料、型孔复杂程度等因素有关的系数；

　　　t——凹模有效厚度（电火花加工的深度），mm；

　　　h——当凹模下部挖空时，电极需要加长的长度，mm；

　　　l——为夹持电极而增加的长度（约为 10～20mm）；

　　　n——电极的使用次数。

③ 电极公差的确定　截面的尺寸公差取凹模刃口相应尺寸公差的 1/2～2/3。

128

3. 凹模模坯准备

常见的凹模模坯准备工序见表 4-2。

表 4-2 常见的凹模模坯准备工序

序号	工序	加工内容及技术要求
1	下料	用锯床锯割所需的材料,包括需切削的材料
2	锻造	锻造所需的形状,并改善其内容组织
3	退火	消除锻造后的内应力,并改善其加工性能
4	刨(铣)	刨(铣)四周及上下两平面,厚度留余量 0.4～0.6mm
5	平磨	磨上下平面及相邻两侧面,对角尺,达 $Ra0.63～1.25\mu m$
6	划线	钳工按型孔及其他安装孔划线
7	钳工	钻排孔,去除型孔废料
8	插(铣)	插(铣)出型孔,单边余量 0.3～0.5mm
9	钳工	加工其余各孔
10	热处理	按图样要求淬火
11	平磨	磨上下两面,为使模具光整,最好再磨四侧面
12	退磁	退磁处理

4. 电规准的选择与转换

电火花加工中所选用的一组电脉冲参数称为电规准。

（1）粗规准 主要用于粗加工。

（2）中规准 是粗、精加工间过渡加工采用的电规准,用以减小精加工余量,促使加工稳定性和提高加工速度。

（3）精规准 用来进行精加工。

四、型腔加工

1. 型腔加工

（1）单电极加工法 指用一个电极加工出所需型腔。

① 用于加工形状简单、精度要求不高的型腔。

② 用于加工经过预加工的型腔。

③ 用平动法加工型腔。

（2）多电极加工法 用多个电极,依次更换加工同一个型腔,如图 4-14 所示。

（3）分解电极法 根据型腔的几何形状,把电极分解成主型腔电极和副型腔电极分别制造。主型腔电极加工出型腔的主要部分,副型腔电极加工型腔的尖角、窄缝等部位。

2. 电极设计

（1）电极材料和结构选择

① 电极材料：石墨和纯铜,铜钨合金和银钨合金。

② 电极结构：整体式电极、镶拼式电极。

（2）电极尺寸的确定

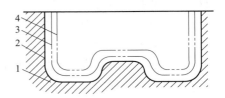

图 4-14 多电极加工示意图

1—模坯；2—精加工后的型腔；3—中加工后的型腔；4—粗加工后的型腔

① 电极水平方向尺寸：电极在垂直于主轴进给方向上的尺寸。

$$a = A \pm Kb$$

式中　a——电极水平方向上的基本尺寸，mm；

　　　A——型腔的基本尺寸，mm；

　　　K——与型腔尺寸标注有关的系数；

　　　b——电极单边缩放量，mm。其计算公式为

$$b = e + \delta_j - \gamma_j$$

式中　e——平动量，一般取 $0.5 \sim 0.6$mm；

　　　δ_j——精加工最后一档规准的单边放电间隙，最后一档规准通常指粗糙度 $Ra < 0.8\mu$m 时的 δ_j 值，一般为 $0.02 \sim 0.03$mm；

　　　γ_j——精加工（平动）时电极侧面损耗（单边），一般不超过 0.1mm，通常忽略不计。

式中"±"号及 K 值确定原则：如图 4-15 所示，与型腔凸出部分相对应的电极凹入部分尺寸应放大，即用"＋"号；反之与型腔凹入部分相对应的电极凸出部分尺寸应缩小，即用"－"号。

当型腔尺寸以两加工表面为尺寸界线标注时，若蚀除方向相反，取 $K=2$；蚀除方向相同，取 $K=0$；当型腔尺寸以中心线或非加工面为基准标注时，取 $K=1$；凡与型腔中心线之间的位置尺寸以及角度尺寸相对应的电极尺寸不缩不放，取 $K=0$。

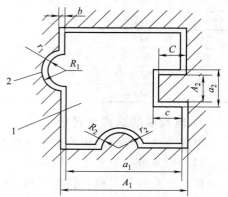

图 4-15　电极水平截面尺寸缩放示意图
1—电极；2—型腔

② 电极垂直方向尺寸：电极在平行于主轴方向上的尺寸，如图 4-16 所示。

$$h = h_1 + h_2$$
$$h_1 = H_1 + C_1 H_1 + C_2 S - \delta_J$$

式中　h——电极垂直方向的总高度，mm；

　　　h_1——电极垂直方向的有效工作尺寸，mm；

　　　h_2——考虑加工结束时，为避免电极固定板和模块相碰，同一电极能多次使用等因素而增加的高度，一般取 $5 \sim 20$mm；

　　　H_1——型腔垂直方向的尺寸（型腔深度），mm；

　　　C_1——粗规准加工时，电极端面相对损耗率，其值小于 1%，C_1、H_1 只适用于未预加工的型腔；

　　　C_2——中、精规准加工时电极端面相对损耗率，其值一般为 $20\% \sim 25\%$；

　　　S——中、精规准加工时端面总的进给量，一般为 $0.4 \sim 0.5$mm；

　　　δ_J——最后一档精规准加工时端面的放电间隙，一般为 $0.02 \sim 0.03$mm，可忽略不计。

（3）排气孔和冲油孔

① 冲油孔设计在难以排屑、窄缝等处，如图 4-17 所示。

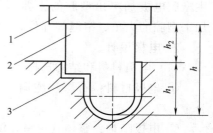

图 4-16　电极垂直方向尺寸
1—电极固定板；2—电极；3—工件

② 排气孔设计在蚀除面积较大的位置，如图 4-18 所示。

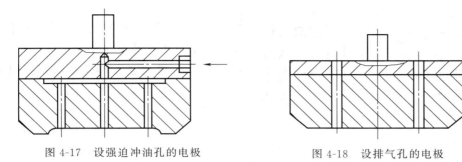

图 4-17 设强迫冲油孔的电极   图 4-18 设排气孔的电极

3. 电规准的选择与转换

（1）电规准的选择

① 粗规准：以高的蚀除速度加工出型腔的基本轮廓，电极损耗要小，电蚀表面不能太粗糙。

② 中规准：减小被加工表面的粗糙度，为精加工作准备。

③ 精规准：用于型腔精加工，所去除的余量一般不超过 0.1～0.2mm。

（2）电规准的转换　粗规准一般选择 1 挡；中规准和精规准选择 2～4 挡。

任务 2　电火花线切割加工

说明：任务 2 的具体内容是，了解电火花线切割加工的工作原理，掌握 3B 格式程序编制，掌握 ISO 代码数控程序编制，了解线切割加工工艺。通过这一具体任务的实施，会编写电火花线切割程序并加工相应零件。

知识点与技能点

1. 电火花线切割加工的工作原理。
2. 3B 格式程序编制、ISO 代码数控程序编制。
3. 线切割加工工艺。

相关知识

一、概述

1. 工作原理

电火花线切割加工是通过电极和工件之间脉冲放电时的电腐蚀作用，对工件进行加工的一种方法。如图 4-19 所示，工件接脉冲电源的正极，电极丝接负极，工件相对电极丝按预定的要求运动，从而使电极丝沿着所要求的切割线路进行电腐蚀，实现切割加工。

2. 线切割加工机床

线切割加工机床分为快走丝和慢走丝线切割机床两种。线切割加工的特点：

① 不需要制作电极，可节约电极设计、制造费用，缩短生产周期。

② 能方便地加工出形状复杂、细小的通孔和外表面。

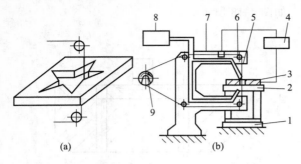

图 4-19　电火花线切割加工示意图

1—工作台；2—夹具；3—工件；4—脉冲电源；5—电极丝；

6—导轮；7—丝架；8—工作液；9—储丝筒

③ 电极损耗极小，有利于加工精度的提高。

④ 采用四轴联动，可加工锥度和上下面异形体等零件。

3. 快走丝、慢走丝线切割机床

快走丝线切割机床：$0.08\sim0.22\text{mm}$ 的钼丝作电极，往复循环，走丝速度为 $8\sim10\text{m/s}$，加工精度为 $\pm0.01\text{mm}$，表面粗糙度 $Ra1.6\sim6.3\mu\text{m}$。工作液为乳化液，如 DX-1、TM-1、502 型。

慢走丝线切割机床：走丝速度是 $3\sim12\text{m/min}$，电极丝广泛使用铜丝，单向移动，可达到加工精度 $\pm0.001\text{mm}$，表面粗糙度 $Ra1.6\sim6.3\mu\text{m}$。价格比快走丝高。工作液为去离子水。

4. 线切割加工的应用

加工淬火钢、硬质合金模具零件、样板、各种形状的细小零件、窄缝等。

二、数字程序控制基本原理

数控线切割加工时，数控装置要不断进行插补运算，并向驱动机床工作台的步进电动机发出相互协调的进给脉冲，使工作台（工件）按指定的路线运动。如图 4-20 所示。工作台的进给是步进的，它每走一步机床数控装置都要自动完成四个工作节拍，如图 4-21 所示。

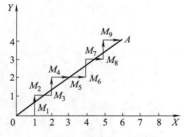

图 4-20　斜线（直线）的插补过程

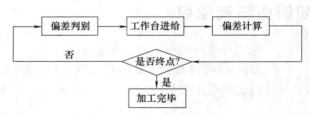

图 4-21　工作节拍方框图

（1）偏差判别　判别加工点对规定图形的偏离位置，以决定工作台的走向。

（2）工作台进给　根据判断结果，控制工作台在 X 或 Y 方向进给一步，以使加工点向规定图形靠拢。

（3）偏差计算　在加工过程中，工作台每进给一步，都由机床的数控装置根据数控程序计算出新的加工点与规定图形之间的偏差，作为下一步判断的依据。

（4）终点判别　每当进给一步并完成偏差计算之后，就判断是否已加工到图形的终点，若加工点已到终点，便停止加工。

三、3B 格式程序编制

1. 程序格式

见表 4-3。

表 4-3 3B 程序格式

B	X	B	Y	B	J	G	Z
分隔符号	X 坐标值	分隔符号	Y 坐标值	分隔符号	计数长度	计数方向	加工指令

（1）分隔符号 B 用来将 X、Y、J 的数码分开，利于控制机识别。

（2）坐标值 X、Y 即 X、Y 坐标的绝对值，单位 μm。直线的坐标原点为线段起点，X、Y 分别取线段在对应方向上的增量，即该线段在相对坐标系中的终点坐标的绝对值。X、Y 允许取比值，若 X 或 Y 为零时，X、Y 值均可不写，但分隔符号保留。例 B2000B0B2000GxL1 可写为 BBB2000GxL1。

圆弧的坐标原点为圆心，X、Y 取圆弧起点坐标的绝对值，但不允许取比值。

（3）G 的确定 G 用来确定加工时的计数方向，分 Gx 和 Gy。Gx 取 X 方向进给总长度计数；Gy 取 Y 方向进给总长度计数。直线用线段的终点坐标的绝对值进行比较，哪个方向数值大，就取该方向作为计数方向。即：

$|Y| > |X|$ 时，取 Gy；$|Y| < |X|$ 时，取 Gx；

$|Y| = |X|$ 时，取 Gx 或 Gy，有些机床对此专门规定。

圆弧根据终点坐标的绝对值，哪个方向数值小，就取该方向为计数方向。与直线相反。即：

$|Y| < |X|$ 时，取 Gy；$|Y| > |X|$ 时，取 Gx；

$|Y| = |X|$ 时，取 Gx 或 Gy，有些机床对此专门规定

（4）J 的确定 J 为计数长度，以 μm 为单位。J 的取值方法为：由计数方向 G 确定投影方向，若 G＝Gx，则将直线向 X 轴投影得到长度的绝对值即为 J 的值；若 G＝Gy，则将直线向 Y 轴投影得到长度的绝对值即为 J 的值。

直线编程，可直接取直线终点坐标值中的大值。即：$X > Y$，$J = X$；$X < Y$，$J = Y$；$X = Y$，$J = X = Y$。

圆弧编程，由计数方向 G 确定投影方向，若 G＝Gx，则将圆弧向 X 轴投影；若 G＝Gy，则将圆弧向 Y 轴投影。J 值为各个象限圆弧投影长度绝对值的和。

如图 4-22 所示，直线和圆弧计数长度的取值如下。

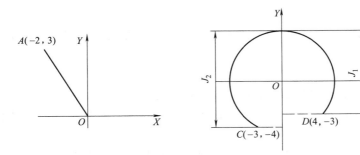

图 4-22 直线和圆弧的计数长度

直线 OA： 取 Gy $J = 3000 \mu m$

圆弧 CD： 取 Gy $J = J_1 + J_2 = (5000 + 3000) + (5000 + 4000) = 17000$

（5）加工指令 Z 根据被加工图形的形状、所在象限和走向等确定。控制台根据这些

指令，进行偏差计算，控制进给方向。

加工指令 Z 按照直线走向和终点的坐标不同可分为 L1、L2、L3、L4，其中与 +X 轴重合的直线算作 L1，与 -X 轴重合的直线算作 L3，与 +Y 轴重合的直线算作 L2，与 -Y 轴重合的直线算作 L4，如图 4-23 所示。

由圆弧起点所在象限和圆弧加工走向确定。按切割的走向可分为顺圆 S 和逆圆 N，于是共有 8 种指令：SR1、SR2、SR3、SR4、NR1、NR2、NR3、NR4。如图 4-23 所示。

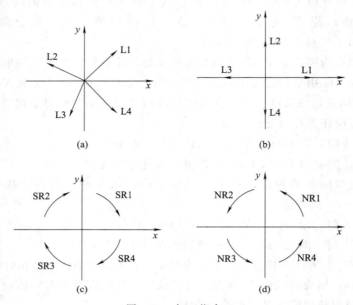

图 4-23　加工指令 Z

2. 程序编程的步骤与方法

（1）工艺处理

① 工具、夹具的设计选择　尽可能选择通用（或标准）工具和夹具。

② 正确选择穿丝孔和电极丝切入的位置　穿丝孔是电极丝相对于工件运动的起点，同时也是程序执行的起点，也称"程序起点"。一般选在工件上的基准点外，也可设在离型孔边缘 2～5mm 处。

③ 确定切割线路　一般在开始加工时应沿着离开工件夹具的方向进行切割，最后再转向夹具方向。

（2）工艺计算

① 根据工件的装夹情况和切割方向，确定相应的计算坐标系。

② 按选定的电极丝半径 r，放电间隙和凸、凹模的单面配合间隙 $Z/2$ 计算电极丝中心的补偿距离 ΔR。

③ 将电极丝中心轨迹分割成平滑的直线和单一的圆弧线，按型孔或凸模的平均尺寸计算出各线段交点的左边值。

3. 实例

根据电极丝中心轨迹各交点坐标值及各线段的加工顺序，逐段编制切割程序。编制如图 4-24 所示凸凹模（图中尺寸为计算后的平均尺寸）的数控线切割程序。电极丝的钼丝 $\phi0.18$mm，单边放电间隙为 0.01mm。

① 建立坐标系，确定穿丝孔位置。切割凸凹模时，加工顺序应先内后外，选取 $\phi20$ 圆的圆心 O，其中穿丝孔位置分别是 O 点和 B 点。

② 确定自动补偿量。$\Delta R = 0.18/2 + 0.01 = 0.10\text{mm}$

③ 计算交点坐标。应将图形分成单一的直线或圆弧。

求 F 点的坐标值：因 F 点是直线 FE 与圆的切点，故其坐标值通过图 4-25 求得。

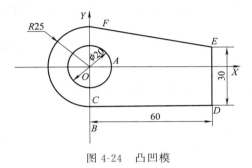

图 4-24　凸凹模

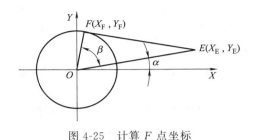

图 4-25　计算 F 点坐标

$$\alpha = \arctan \frac{5}{60} = 4°46'$$

$$\beta = \alpha + \arccos \frac{R}{\sqrt{X_E^2 + Y_E^2}}$$

$$= \alpha + \arccos \frac{25}{\sqrt{60^2 + 5^2}} = 70°14'$$

$$X_F = R\cos\beta = 8.4561\text{mm}$$

$$Y_F = R\sin\beta = 23.5255\text{mm}$$

④ 编写程序。直线段 OA 和 BC 段为引导程序段，需减去补偿量 0.10mm。其余线段和圆弧不需考虑间隙补偿。切割时，由数控装置根据补偿特征，自动进行补偿，但在 D 点和 E 点需加过渡圆弧，取 $R = 0.15\text{mm}$。

加工顺序为：先切割内孔，空走到外形 B 处，再按顺序 $B—C—D—E—F—C$ 切割

B	B	B9900	Gx	L1	穿丝切割，OA 段
B10000	B	B40000	Gy	NR1	内孔加工
B	B	B9900	Gx	L3	AO 段
					D 拆丝
B	B	B30000	Gy	L4	空走
					D 装丝
B	B	B4900	Gy	L2	BC 段
B59850	B0	B59850	Gx	L1	CD 段
B0	B150	B150	Gy	NR4	D 点过渡

四、ISO 代码数控程序编制

1. 程序段格式与程序格式

（1）程序字　简称"字"，表示一套有规定次序的字符可以作为一个信息单元存储、传递和操作。一个字所包含的字符个数叫字长。程序字包括顺序号字、准备功能字、尺寸字、

辅助功能字等。

① 顺序号字 也叫程序段号或程序段号字。地址符是 N，后续数字一般 2～4 位。如 N02，N0010。

② 准备功能字 地址符是 G，又称为 G 功能或 G 指令。它的定义是：建立机床或控制系统工作方式的一种命令。后续数字为两位正整数，即 G00～G99。

③ 尺寸字 也叫尺寸指令。主要用来指令电极丝运动到达的坐标位置。地址符有 X、Y、U、V、A、I、J 等，后续数字为整数，单位为 μm，可加正、负号。

④ 辅助功能字 地址符 M 及随后的 2 位数字组成，即 M00～M99，也称为 M 功能或 M 指令。

（2）程序段 由若干个程序字组成，它实际上是数控加工程序的一句。例如 G01 X300 Y—5000。

（3）程序段格式 是指程序段中的字、字符和数据的安排形式。

（4）程序格式 程序名（单列一段）＋程序主体＋程序结束指令（单列一段）。

2. ISO 代码及其程序编制

（1）G00 为快速定位指令

指令格式：G00 X ＿ Y ＿

（2）G01 为直线插补指令

指令格式：G01 X ＿ Y ＿ U ＿ V ＿

（3）G02、G03 为圆弧插补指令

G02——顺时针加工圆弧的插补指令。

G03——逆时针加工圆弧的插补指令。

指令格式：G02 X ＿ Y ＿ I ＿ J ＿

指令格式：G03 X ＿ Y ＿ I ＿ J ＿

（4）G90、G91、G92 为坐标指令

G90——绝对坐标指令

指令格式：G90（单列一段）

G91——增量坐标指令

指令格式：G91（单列一段）

G92——工件坐标指令

指令格式：G92 X ＿ Y ＿

（5）G05、G06、G07、G08、G09、G10、G11、G12 为镜像及交换指令

G05——X 轴镜像，函数关系式：$X=-X$。

G06——Y 轴镜像，函数关系式：$Y=-Y$。

G07——X、Y 轴交换，函数关系式：$X=Y$，$Y=X$。

G08——X 轴镜像、Y 轴镜像，函数关系式：$X=-X$，$Y=-Y$。即 G08＝G05＋G06。

G09——X 轴镜像，X、Y 轴交换。即 G09＝G05＋G07。

G10——Y 轴镜像，X、Y 轴交换。即 G10＝G06＋G07。

G11——X 轴镜像，Y 轴镜像，X、Y 轴交换，即 G11＝G05＋G06＋G07。

G12——消除镜像。

指令格式：G05（单列一段）

（6）G40、G41、G42 为间隙补偿指令。

G41——左偏补偿指令。

指令格式：G41　D＿＿

G42——右偏补偿指令。

指令格式：G42　D＿＿

G40——取消间隙补偿指令

指令格式：G40（单列一段）

（7）G50、G51、G52 为锥度加工指令

G51——锥度左偏指令。

指令格式：G51　D＿＿

G52——锥度右偏指令。

指令格式：G52　D＿＿

G50——取消锥度指令

指令格式：G50（单列一段）

（8）G54、G55、G56、G57、G58、G59 为加工坐标系 1～6。

指令格式：G54（单列一段）

（9）G80、G82、G84 为手动操作指令。

G80——接触感知指令。

G82——半程移动指令。

G84——校正电极丝指令。

（10）M 是系统的辅助功能指令

M00——程序暂停。

M02——程序结束。

M05——接触感知解除。

M96——程序调用（子程序）。

指令格式：M96　程序名（程序名后加"．"）

M96——程序调用结束。

3. 典型零件 ISO 代码程序编制

编制如图 4-26 所示落料凹模加工程序，电极丝直径 $\phi0.18$mm，单边放电间隙为 0.01mm（凹模尺寸为计算后平均尺寸）。

N10 G92 X0 Y0

N20 G41 D100（应放于切入线之前）

N30 G01 X0 Y-25000

N40 G01 X60000 Y-25000

N50 G01 X60000 Y5000

N60 G01 X8456 Y23526

N70 G03 X0 Y-25000 I-8456 J-23526

N80 G40（放于退出线之前）

N90 G01 X0Y0

N100 M02

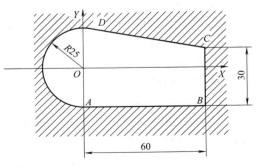

图 4-26　凹模加工

137

五、线切割加工工艺

线切割加工工艺，如图 4-27 所示。

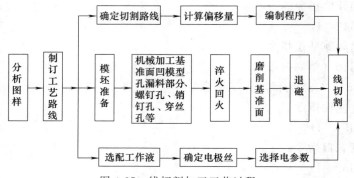

图 4-27 线切割加工工艺过程

1. 模坯准备

（1）工件材料及毛坯　准备工件材料及毛坯。

（2）凹模的准备工序

① 下料：用锯床切割所需材料。

② 锻造：改善内部组织，并锻成所需的形状。

③ 退火：消除锻造内应力，改善加工性能。

④ 刨（铣）：刨六面，厚度留余量 0.4～0.6mm。

⑤ 磨：磨出上下平面及相邻两侧面，对角尺。

⑥ 划线：划出刃口轮廓，孔（螺孔、销孔、穿丝孔等）的位置。

⑦ 加工形孔部分：当凹模较大时，为减少线切割加工量，需将型孔漏料部分铣（车）出，只切割刃口高度；对淬透形差的材料，可将型孔的部分材料去除，留 3～5mm 切割余量。

⑧ 孔加工：加工螺孔、销孔、穿丝孔等。

⑨ 淬火：达设计要求。

⑩ 磨：磨削上下平面及相邻两侧面，对角尺。

⑪ 退磁处理。

（3）凸模的准备工序　参照凹模的准备工序，将其中不需要的工序去掉即可。

注意事项：

① 为便于加工和装夹，一般都将毛坯锻造成平面六面体。

② 凸模的切割轮廓线与毛坯侧面之间应留足够的切割余量（一般小于 5mm）。

③ 在有些情况下，为防止切割时模坯产生变形，在模坯上加工出穿丝孔。

2. 工艺参数的选择

（1）脉冲参数的选择　见表 4-4。

（2）电极丝的选择　钨丝抗拉强度高，直径在 0.03～0.1mm 范围内，一般用于各种窄缝的精加工，但价格昂贵。黄铜丝适用于慢速加工，加工表面粗糙度和平直度较好，但抗拉强度差，损耗大，直径在 0.1～0.3mm 范围内。钼丝抗拉强度高，适用于快走丝加工，直径在 0.08～0.2mm 范围内。

表 4-4　快速走丝线切割加工脉冲参数的选择

应用	脉冲宽度 $t_i/\mu s$	电流峰值 I_e/A	脉冲间隔 $t_0/\mu s$	空载电压/V
快速切割或加大厚度工作 $Ra>2.5\mu m$	$20\sim40$	大于 12	为实现稳定加工，一般选择 $t_0/t_1=3\sim4$ 以上	一般为 $70\sim90$
半精加工 $Ra=1.25\sim2.5\mu m$	$6\sim20$	$6\sim12$		
精加工 $Ra<1.25\mu m$	$2\sim6$	4.8 以下		

（3）工作液的选配　工作液选用乳化液和去离子水。

3. 工件的装夹与调整

（1）工件的装夹

① 悬臂式装夹，如图 4-28 所示。

② 两端支撑方式装夹，如图 4-29 所示。

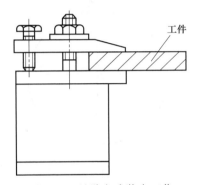

图 4-28　悬臂方式装夹工作

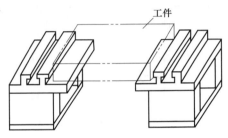

图 4-29　两端支撑方式装夹

③ 桥式支撑方式装夹，如图 4-30 所示。

④ 板式支撑方式装夹，如图 4-31 所示。

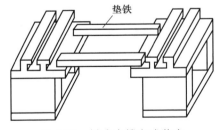

图 4-30　桥式支撑方式装夹

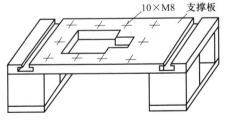

图 4-31　板式支撑方式装夹

（2）工件的调整

① 用百分表找正，如图 4-32 所示。

② 划线法找正，如图 4-33 所示。

4. 电极丝位置的调整

（1）目测法　直接利用目测或借助 $2\sim8$ 倍的放大镜来进行观察。如图 4-34 所示。

（2）火花法　如图 4-35 所示。

（3）自动找正中心　如图 4-36 所示。

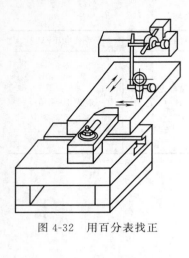

图 4-32　用百分表找正

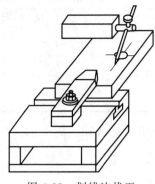

图 4-33　划线法找正

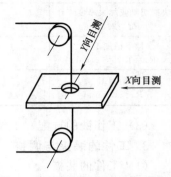

图 4-34　用目测法调整电极丝位置

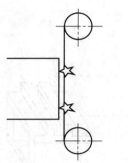

图 4-35　火花法调整电极丝位置

1—工件；2—电极丝；3—电火花

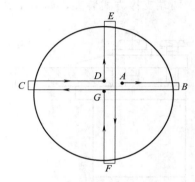

图 4-36　自动找正中心

思考与练习

1. 电火花加工的原理是什么？

2. 线切割的原理是什么？

3. 电极丝轨迹的偏移量怎么确定？

4. 在线切割机床上，工件通常怎样装夹？

项目五　模具装配工艺

任务1　模具装配基础知识

说明：任务1的具体内容是，掌握模具装配工艺的基本知识，掌握装配尺寸链并会进行计算，掌握各种装配方法，通过这一具体任务的实施，对模具装配的基础知识有所了解。

知识点与技能点

> 1. 模具装配工艺基本知识。
> 2. 装配尺寸链基本知识。
> 3. 装配尺寸链计算。

相关知识

一、装配概述

模具装配是模具制造过程的最后阶段，装配质量的好坏将影响模具的精度、寿命和各部分的功能。要制造出一副合格的模具，除了保证零件的加工精度外还必须做好装配工作。同时模具装配阶段的工作量比较大，又将影响模具的生产制造周期和生产成本。因此模具装配是模具制造中的重要环节。

二、模具装配工艺

模具或其他机械产品的装配，就是按规定的技术要求，将零件或部件进行配合和连接，使之成为半成品或成品的工艺过程。

当许多零件装配在一起（构成零件组）直接成为产品的组成时，称为部件；当零件组是部件的直接组成时，称为组件。把零件装配成组件、部件和最终产品的过程分别称为组件装配、部件装配和总装。根据产品的生产批量不同，装配过程可采用表5-1所列的不同组织形式。

1. 模具装配的特点和内容

模具装配属单件小批装配生产类型，工艺灵活性大，工序集中，工艺文件不详细，设备、工具尽量选通用的。组织形式以固定式为多，手工操作比重大，要求工人有较高的技术水平和多方面的工艺知识。

模具装配过程是按照模具技术要求和各零件间的相互关系，将合格的零件连接固定为组件、部件，直至装配成合格的模具。它可以分为组件装配和总装配等。

表 5-1　装配的组织形式

形式		特点	应用范围
固定装配	集中装配	从零件装配成部件或产品的全过程均在固定工作地点,由一组(或一个)工人来完成,对工人技术水平要求较高,工作地面积大,装配周期长	1. 单件和小批生产 2. 装配高精度产品,调整工作较多时适用
	分散装配	把产品装配的全部工作分散为各种部件装配和总装配,各分散在固定的工作地上完成,装配工人增多,生产面积增大,生产率高,装配周期短	成批生产
移动装配	产品按自由节拍移动	装配工序是分散的。每一组装配工人完成一定的装配工序,每一装配工序无一定的节拍。产品是经传送工具自由地(按完成每一工序所需时间)送到下一工作地点,对装配工人的技术要求较低	大批生产
	产品按一定节拍周期移动	装配的分工原则同前一种组织形式。每一装配工序是按一定的节拍进行的。产品经传送工具按节拍周期性(断续)地到下一工作地点,对装配工人的技术水平要求低	大批和大量生产
	产品按一定速度连续移动	装配分工原则同上。产品通过传送工具以一定速度移动,每一工序的装配工作必须在一定的时间内完成	大批和大量生产

　　模具装配内容包括：选择装配基准、组件装配、调整、修配、研磨抛光、检验和试冲(试压)等环节,通过装配达到模具各项精度指标和技术要求。通过模具装配和试冲(试压)考核制件成形工艺、模具设计方案和模具工艺编制等工作的正确性和合理性。在模具装配阶段发现的各种技术质量问题,必须采取有效措施妥善解决,以满足试制成形的需要。

　　模具装配工艺规程是指导模具装配的技术文件,也是制订模具生产计划和进行生产技术准备的依据。模具装配工艺规程的制订根据模具种类和复杂程度,各单位的生产组织形式和习惯作法等具体情况可简可繁。模具装配工艺规程包括：模具零件和组件的装配顺序,装配基准的确定,装配工艺方法和技术要求,装配工序的划分以及关键工序的详细说明,必备的二级工具和设备,检验方法和验收条件等。

　　2. 装配精度要求

　　模具装配精度包括：

　　(1) 相关零件的位置精度　例如定位销孔与型孔的位置精度；上、下模之间,定、动模之间的位置精度；型腔、型孔与型芯之间的位置精度等。

　　(2) 相关零件的运动精度　包括直线运动精度、圆周运动精度及传动精度。例如导柱和导套之间的配合状态,顶块和卸料装置的运动是否灵活可靠,进料装置的送料精度等。

　　(3) 相关零件的配合精度　相互配合零件之间的间隙和过盈程度是否符合技术要求。

　　(4) 相关零件的接触精度　例如模具分型面的接触状态如何,间隙大小是否符合技术要求,弯曲模的上、下成形表面的吻合一致性,拉深模定位套外表面与凹模进料表面的吻合程度等。

　　模具生产属于单件小批生产,适合于采用集中装配。完成装配的产品,应按装配图保证配合零件的配合精度；有关零件之间的位置精度要求；具有相对运动的零(部)件的运动精度要求和其他装配要求。

　　模具装配过程称为模具装配工艺过程。模具装配图及验收技术条件是模具装配的依据,构成模具的所有零件,包括标准件、通用件及成形零件等符合技术要求是模具装配的基础。但是,并不是有了合格的零件,就一定能装配出符合设计要求的模具,合理的装配工艺及装配经验也很重要。

　　模具装配过程是模具制造工艺全过程中的关键工艺过程,包括装配、调整、检验和试模。在装配时，零件或相邻装配单元的配合和连接，均须按装配工艺确定的装配基准进行定位与固定，以保证它们之间的配合精度和位置精度，从而保证模具凸模与凹模间精密均匀的配合，模具开合运动及其他辅助机构（如卸料、抽芯、送料等）运动的精确性，进而保证制件的精度和质量，保证模具的使用性能和寿命。要分析产品有关组成零件的精度对装配精度的影响，就要用到装配尺寸链。

三、装配尺寸链

任何产品都是由若干零、部件组装而成的。为了保证产品质量，必须在保证各个零部件质量的同时，保证这些零、部件之间的尺寸精度、位置精度及装配技术要求。无论是产品设计还是装配工艺的制订以及解决装配质量问题等，都要应用装配尺寸链的原理。

1. 装配尺寸链的概念

在产品的装配过程中，由相关零件的有关尺寸（表面或轴线间的距离）和相互位置关系（同轴度、平行度、垂直度等）所组成的尺寸链，叫做装配尺寸链。

装配尺寸链有封闭环和组成环。封闭环是装配后自然得到的，它往往是装配精度要求或技术条件。组成环是构成封闭环的各个零件的相关尺寸。如图 5-1 中 A_0 是装配后形成的，它又是技术条件规定的尺寸，它是封闭环。而 A_1、A_2、A_3 和 A_4 是组成环。组成环又分增环和减环，它和工艺尺寸链中的判断方法一样。由于各个组成环都有制造公差，所以封闭环的公差就是各个组成环的累积公差。因此，建立和分析装配尺寸链就能够了解累积公差和装配精度的关系，以及通过计算公式和定量计算，确定合理的装配工艺方法和各个零件的制造公差。建立装配尺寸应遵循尺寸链组成最短原则，即环数最少原则。

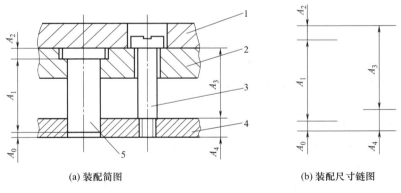

(a) 装配简图　　　　　　　　　(b) 装配尺寸链图

图 5-1　装配尺寸链简图

1—垫板；2—固定板；3—卸料螺钉；4—弹压卸料板；5—凸模

尺寸链的计算方法有极限法（极大极小法）和概率法两种。用极限法解装配尺寸链是以尺寸链中各环的极限尺寸来进行计算的。但未充分考虑零件尺寸的分布规律，以致当装配精度要求较高或装配尺寸链的组成环数较多时，计算出各组成环的公差过于严格，增加了加工和装配的困难，甚至用现有工艺方法很难达到，故在大批大量生产的情况下应采用概率法解装配尺寸链。极限法简单可靠，在小批量模具生产中采用极为合理。

2. 用极限法解装配尺寸链

建立和解算装配尺寸链时应注意下面几点：

① 当某组成环属于标准件（如销钉等）时，其尺寸公差大小和分布位置在相应的标准

中已有规定，属已知值。

② 当某组成环为公共环时，其公差大小及公差带位置应根据精度要求最高的装配尺寸链来决定。

③ 其他组成环的公差大小与分布应视各环加工的难易程度予以确定：对于尺寸相近、加工方法相同的组成环，可按等公差值分配；对于尺寸大小不同、加工方法不一样的组成环，可按等精度（公差等级相同）分配；加工精度不易保证时可取较大的公差值等。

④ 一般公差带的分布可按"入体"原则确定，并应使组成环的尺寸公差符合国家公差与配合标准的规定。

⑤ 对于孔心距尺寸或某些长度尺寸，可按对称偏差予以确定。

⑥ 在产品结构既定的条件下建立装配尺寸链时，应遵循装配尺寸链组成的最短路线原则（即环数最少），即应使每一个有关零件（或组件）仅以一个组成环来加入装配尺寸链中，因而组成环的数目应等于有关零、部件的数目。

3. 装配方法及其应用范围

产品的装配方法是根据产品的产量和装配的精度要求等因素来确定的。一般情况下，产品的装配精度要求高，则零件的精度要求也高。但是，根据生产的实际情况采用合理的装配方法，也可以用精度较低的零件来达到较高的装配精度。常用的装配方法有以下几种。

（1）互换装配法　按照装配零件所能达到的互换程度，分为完全互换法和不完全互换法。

① 完全互换法　所谓完全互换法是在装配时各配合零件不经修理、选择和调整即可达到装配精度要求。要使被装配的零件达到完全互换，它要求有关零件的制造公差之和小于或等于装配公差，即

$$T_\Sigma \geqslant T_1 + T_2 + \cdots + T_{n-1} = \sum_{i=1}^{n-1} T_i$$

式中　T_Σ——装配精度所允许的误差范围，即装配公差，μm；

　　　T_i——影响装配精度的零件尺寸的制造公差，μm；

　　　n——装配尺寸链的总环数。

采用完全互换法进行装配时，零件加工精度要求较高。当装配的精度要求较高，以及当装配尺寸链的组成环较多时，各组成环的公差必然很小，将使零件加工困难。但是采用完全互换装配法，具有装配过程简单，对装配工人的技术水平要求不高，装配质量稳定，易于组织流水作业和自动化装配，生产率高，周期短，产品维修方便等许多优点。因此，这种方法在实际生产中获得了广泛应用，适用于大批量生产、高精度少环尺寸链，或低精度的多环尺寸链。

② 不完全互换法　采用完全互换装配法是按 $T_\Sigma = \sum_{i=1}^{n} T_i$ 分配装配尺寸链中各组成环的尺寸公差。但在某些情况下计算出的零件尺寸公差，往往使精度要求偏高，制造困难。而不完全互换法则是按 $T_\Sigma = \sqrt{\sum_{i=1}^{n-1} T_i^2}$ 确定装配尺寸链中各组成零件的尺寸公差，这样可使尺寸链中各组成环的公差增大，使产品零件的加工变得容易和经济。但这样做的结果将有0.27%的零件不能互换。不过这一数值是很小的。所以，这种方法被称为不完全互换法。

不完全互换法充分考虑了零件尺寸的分布规律，适合于在成批和大量生产中采用。

（2）选配装配法

① 直接选配法　有关零件按经济精度制造，由操作者从中挑选合适的零件试装配。这种装配方法简单，零件也不必预先分组，但装配时间较长，装配质量决定操作者的技术水平。多用于装配节拍时间要求的中小批生产。

② 分组装配法　在成批和大量生产中，将产品各配合副的零件按实测尺寸分组，装配时按组进行互换装配以达到装配精度的方法。

当产品的装配精度要求很高时，装配尺寸链中各组成环的公差必然很小，致使零件加工困难。还可能使零件的加工精度超出现有工艺所能实现的水平，在这种情况下可采用分组装配法。先将零件的制造公差扩大数倍，按经济精度进行加工，然后将加工出来的零件按扩大前的公差大小分组进行装配。

采用分组装配法时应注意以下几点：

a. 每组配合尺寸的公差要相等，以保证分组后各组的配合精度和配合性质都能达到原来的设计要求。因此，扩大配合尺寸的公差时要向同方向扩大，扩大的倍数就是以后分组的组数。

b. 分组不宜过多（一般分为4～5组），否则零件的测量、分类和保管工作复杂。

c. 分组装配法不宜用于组成环很多的装配尺寸链，因为尺寸链的环数如果太多，也和分组过多一样会使装配工作复杂化，一般只适宜高精度少环（$n < 4$ 环）尺寸链大批量生产中。另外采用分组装配法还应当严格零件的检测、分组、识别、储存和运输等方面的管理工作。

③ 复合选配法　加工后的零件，先测量分组，装配时再在各对应组内挑选合适的零件进行装配。此法的装配精度高，但组织工作复杂。适宜于高精度少环（$n < 3$ 环）尺寸链成批生产中。

（3）修配装配法　在装配时修去指定零件上的预留修配量以达到装配精度的方法，称为修配装配法，这种装配方法在单件、小批生产中被广泛采用。常见的修配方法有三种。

① 按件修配法　按件修配法是在装配尺寸链的组成环中预先指定一个零件作为修配件（修配环），装配时再用修配加工改变该零件的尺寸以达到装配精度要求。

在按件修配法中，选定的修配件应是易于加工的零件，在装配时它的尺寸改变对其他尺寸链不致产生影响。

② 合并加工修配法　合并加工修配法，是把两个或两个以上的零件装配在一起后，再进行机械加工，以达到装配精度要求。将零件组合后所得尺寸作为装配尺寸链的一个组成环看待，从而使尺寸链的组成环数减少，公差扩大，更容易保证装配精度。如图5-2所示。

③ 自身加工修配法　用产品自身所具有的加工能力对修配件进行加工达到装配精度的方法，称为自身加工修配法。这种修配方法可在机床制造中采用。例如牛头刨床在装配时，它的工作台面可用刨床自身来进行刨削。

（4）调整装配法　在装配时用改变产品中可调整零件的相对位置或选用合适的调整件以达到装配精度的方法，称为调整装配法。根据调整方法不同，将调整法分成以下两种。

① 可动调整法　在装配时通过改变一调整件的位置来达到装配精度的方法，称为可动调整法。此法调整

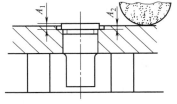

图5-2　磨凸模和固定板的上平面

过程中不需拆卸零件，装配方便，磨损后易恢复原精度。可动调整法在机械制造中应用较广。如图 5-3 所示。

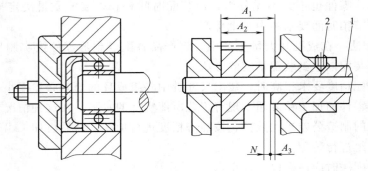

图 5-3　可动调整法

1—调整套筒；2—定位螺钉

② 固定调整法　在装配过程中选用合适的调整件来保证装配精度的方法。此法需对调整环进行测量分级，调整过程中需装拆零件，装配不方便，如图 5-4（a）所示是用垫圈式调整零件调整轴向间隙。调整垫圈的厚度尺寸 A_3 根据尺寸 A_1、A_2、N 来确定，由于 A_1、A_2、N 是在它们各自的公差范围内变动的，所以需要准备不同厚度尺寸的垫圈（A_3），这些垫圈可以在装配前按一定的尺寸间隔作好，装配时根据预装时对间隙的测量结果选择一个厚度适当的垫圈进行装配，以得到所要求的间隙 N。

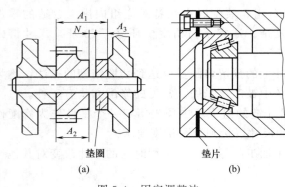

（a）　　　　　　　　（b）

图 5-4　固定调整法

图 5-4（b）是用调整垫片调整滚动轴承的间隙。在装配时当轴承间隙过大（或小），不能满足其运动要求时，可选择一个厚度比原垫片适当减薄（或增厚）的垫片替换原有垫片，使轴承外环沿轴向适当位移，以使轴承间隙满足其运动要求。

不同的装配方法，对零件的加工精度、装配的技术水平要求、生产效率也不相同，因此，在选择装配方法时，应从产品装配的技术要求出发，根据生产类型和实际生产条件合理进行选择。不同装配方法的比较见表 5-2。

表 5-2　各种装配方法比较

序号	装配方法		工艺措施	被装件精度	互换性	装配技术水平要求	装配组织工作	生产效率	生产类型	对环数要求	装配精度
1	互换配装法	完全	按极限法确定零件公差	较高或一般	完全互换	低	—	高	各种类型	环数少	较高
										环数多	低
		不完全	利用概率论原理确定零件公差	较低	多数互换	低	—	高	大批大量	较多	较高

续表

序号	装配方法		工艺措施	被装件精度	互换性	装配技术水平要求	装配组织工作	生产效率	生产类型	对环数要求	装配精度
2	分组装配法		零件测量分组	按经济精度	组内互换	较高	复杂	较高	大批大量	少	高
3	修配装配法	按件加工	修配一个零件	按经济精度	无	高	—	低	单件成批	—	高
		合并加工									
4	调整装配法	可动	调整一个零件位置	按经济精度	无	高	—	较低	各种类型	—	高
		固定	增加一个定尺寸零件				较复杂	较高	各批大量		

案例教学

应用装配尺寸链来解决装配精度问题,其步骤是:建立装配尺寸链、确定装配工艺方法、进行尺寸链计算,最终确定零件的制造公差。下面举例说明装配尺寸链的计算方法,并比较分别采用互换法和修配法装配时的各组成环的公差和极限偏差。

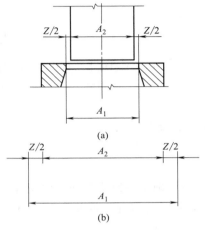

图 5-5　凸、凹模的冲裁间隙

案例 1

如图 5-5(a)所示为落料冲模的工作部分,装配时,要求保证凸、凹模冲裁间隙。根据相关尺寸绘出尺寸链图,如图 5-5(b)所示。

解:用极值法解装配尺寸链,A_1 为增环,A_2 为减环。

计算封闭的基本尺寸

$$A_\Sigma = Z = \sum_{i=1}^{m} \overrightarrow{A_i} - \sum_{i=m+1}^{n-1} \overleftarrow{A_i} = 29.74 - 29.64 = 0.10 (\text{mm})$$

计算封闭环的上、下偏差

$$ESA_\Sigma = \sum_{i=1}^{m} ES\overrightarrow{A_i} - \sum_{i=m+1}^{n-1} EI\overleftarrow{A_i} = +0.024 - (-0.016) = 0.04 (\text{mm})$$

$$EIA_\Sigma = \sum_{i=1}^{m} ES\overrightarrow{A_i} - \sum_{i=m+1}^{n-1} ES\overleftarrow{A_i} = 0$$

求出冲裁间隙的尺寸及偏差为 $0.10^{+0.040}_{0}$ mm,能满足 $Z_{min} = 0.10$ mm,$Z_{max} = 0.14$ mm。

案例 2

图 5-6 所示的塑料注射模斜楔锁紧滑块机构,模具装配精度和工作要求是,在空模闭合状态,必须使定模内平面至滑块分型面有 0.18~0.3mm 的间隙;当模具在闭合注射加压后两哈夫滑块沿着斜楔滑行产生锁紧力,确保哈夫滑块分型面密合,不得产生塑件飞边。

已知各零件基本尺寸为:$A_1 = 57$,$A_2 = 20$,$A_3 = 37$。试分别采用互换法和修配法装配,确定各组成环的公差和极限偏差。

首先绘制装配尺寸链简图,如图 5-6(b)所示。

由于 A_0 是在装配过程中最后形成的,故为封闭环。A_1 为增环,A_2、A_3 为减环。封

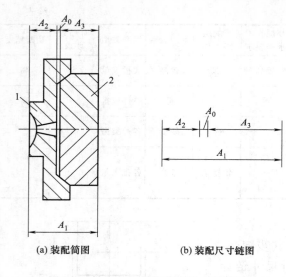

(a) 装配简图　　　**(b) 装配尺寸链图**

图 5-6　斜楔滑块机构装配尺寸链简图
1—定模；2—左、右滑块

闭环的基本尺寸 A_0

$$A_0 = \sum \vec{A} - \sum \overleftarrow{A} = A_1 - (A_2 + A_3)$$
$$= 57 - (20 + 37) = 0$$

符合模具技术规定要求 $A_0 = 0$。

封闭环的公差 T_0

$$T_0 = ES_0 - EI_0 = 0.3 - 0.18 = 0.12$$

式中　T_0——封闭环公差；

　　　ES_0——封闭环的上偏差；

　　　EI_0——封闭环的下偏差。

（1）互换法

① 各组成环的平均公差 T_M

$$T_M = \frac{T_0}{m} = 0.12/3 = 0.04$$

式中　m——组成环环数。

② 确定各组成环公差。以平均公差为基础，按各组成环基本尺寸的大小和加工难易程度调整。

$$T_1 = 0.05$$
$$T_2 = T_3 = 0.03$$

③ 确定各组成环的极限偏差。留 A_1 为调整尺寸，其余各组成环按包容尺寸下偏差为零，被包容尺寸上偏差为零，则

$$A_2 = 20 - {}_{0.03}$$
$$A_3 = 37 - {}_{0.03}$$

这时各组成环的中间偏差为：$\Delta_2 = -0.015$，$\Delta_3 = -0.015$。

计算组成环 A_1 的中间偏差 Δ_1：

$$\Delta_1 = \Delta_0 + (\Delta_2 + \Delta_3) = 0.24 + (-0.015 - 0.015) = 0.21$$

组成环 A_1 的上偏差和下偏差为：

$$ES_1 = \Delta_1 + \frac{1}{2} T_1 = 0.21 + \frac{1}{2} \times 0.05 = 0.235$$

$$EI_1 = \Delta_1 - \frac{1}{2} T_1 = 0.21 - \frac{1}{2} \times 0.05 = 0.185$$

于是 $A_1 = 57^{+0.235}_{+0.185}$

④ 验证

$$A_{\Delta max} = \sum \vec{A}_{max} - \sum \overleftarrow{A}_{min} = 57.235 - (20 + 37) = 0.235$$

$$A_{\Delta max} = \sum \vec{A}_{min} - \sum \overleftarrow{A}_{max} = 57.185 - (20 + 37) = 0.185$$

由此可知符合要求。

（2）修配法

① 各组成环原公差

$$T_1 = 0.05 \qquad T_2 = T_3 = 0.03$$

148

② 确定修配法时各组成环扩大后的公差。设 A_2 为修配环，装配时以修配 A_2 达到装配技术要求，故各组成环公差可以适当放大。设

$$T' = 0.12$$
$$T'_2 = T'_3 = 0.08$$

③ 确定修配环 A_2 的修配量 F。修配量 F 为扩大公差后，各组成环公差和与扩大前各组成环公差和之差，即

$$F = \sum_i^m (T'_i - T_i)$$
$$F = (0.12 - 0.05) + (0.08 - 0.03) + (0.08 - 0.03) = 0.17$$

④ 确定修配环 A_2 的尺寸。修配环 A_2 的实际尺寸，应该在已知 A_1 和 A_3 的实际尺寸和封闭环 A_0 的要求后，按实际余量修配，故 A_2 尺寸要保证在修配中去除余量后，满足 A_0 的要求。

故 $A_2 = (20 + 0.17 + 0.08) = 20.25_{-0.08}^{0}$

在零件加工阶段 $A_2 = 20.25_{-0.08}^{0}$，在装配阶段再按实际情况修配 A_2，满足装配要求。

通过以上分析计算可知：按互换法装配，各组成环的公差值最小，约为 IT9 级。按修配法装配得到的各组成环的公差值最大，约为 IT11 级。但修配法增加了修配工作量，适用于单件小批生产。

任务 2　冲裁模的装配

说明：任务 2 的具体内容是，掌握模架的装配，掌握凹模和凸模的装配，了解低熔点合金和黏结技术的应用，掌握调整冲裁间隙的方法。通过这一具体任务的实施，对冲裁模有所了解。

知识点与技能点

1. 模架的装配。
2. 凹模和凸模的装配。
3. 调整冲裁间隙的方法。

相关知识

一、冲裁模装配的技术要求

① 装配好的冲模，其闭合高度应符合设计要求。

② 模柄装入上模座后，其轴心线对上模座上平面的垂直度误差，在全长范围内不大于 0.05mm。

③ 导柱和导套装配后，其轴心线应分别垂直度于下模座的底平面和上模座的上平面。

④ 上模座的上平面应和下模座的底平面平行。

⑤ 装入模架的每对导柱和导套的配合间隙值应符合规定要求。

⑥ 装配好的模架，其上模座沿导柱上、下移动应平稳，无阻滞现象。

⑦ 装配后的导柱，其固定端面与下模座下平面应保留 1～2mm 距离，选用 B 型导套时，装配后其固定端面低于上模座上平面 1～2mm。

⑧ 凸模和凹模的配合间隙应符合设计要求，沿整个刃口轮廓应均匀一致。

⑨ 定位装置要保证定位正确可靠。

⑩ 卸料及顶件装置灵活、正确、出料孔畅通无阻，保证制件及废料不卡在冲模内。

⑪ 模具应在产生的条件下进行试验，冲出的制件应符合设计要求。

二、模架的装配

1. 模柄的装配

图 5-7 所示冲裁模采用压入式模柄，模柄与上模座的配合为 H7/m6。在装配凸模固定板和垫板之前应先将模柄压入模座内［如图 5-7（a）所示］，用角尺检查模柄圆柱面与上模座上平面的垂直度，其误差不大于 0.05mm。模柄垂直度经检查合格后再加工骑缝销孔（或螺孔），装入骑缝销（或螺钉）。然后将端面在平面磨床上磨平，如图 5-7（b）所示。

2. 导柱和导套的装配

图 5-8 所示冲模的导柱、导套与上、下模座均采用压入式连接：导套、导柱与模座的配合分别为 H7/r6 和 R7/r6。压入时要注意校正导柱对模座底面的垂直度。装配好的导柱的固定端面与下模座底面的距离不小于 1～2mm。

导柱、导套的装配如图 5-9 所示。将上模座反置套在导柱上，再套上导套，用千分表检查导套配合部分内外圆柱面的同轴度，使同轴度的最大偏差 Δ_{max} 处在导柱中心连线的垂直方向。用帽形垫块放在导套上，将导套的一部分压入上

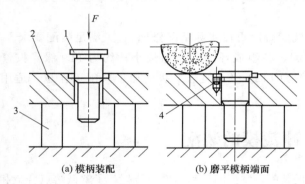

(a) 模柄装配　　(b) 磨平模柄端面

图 5-7　模柄的装配和磨平

1—模柄；2—上模座；3—等高垫铁；4—骑缝销

模座，取走下模座，继续将导套的配合部分全部压入，这样装配可以减小由于导套内、外圆不同柱而引起的孔中心距变化对模具运动性能的影响。

表 5-3　凸模垂直度推荐数据

间隙值/mm	垂直度公差等级	
	单凸模	多凸模
薄料无间隙(≤0.02)	5	6
>0.02～0.06	6	7
>0.06	7	8

注：间隙值指凸、凹模间隙值的允许范围。

将装配好导套和导柱的模座组合在一起，在上、下模座之间垫入一球头垫块支撑上模座，垫入垫块高度必须控制在被测模架闭合高度范围内，然后用百分表沿凹模周界对角线测量被测表面。如图 5-10 所示。根据被测表面大小可移动模座或百分表座。在被测表面内取百分表的最大与最小读数之差，作为被测模架的平行度误差。

三、凹模和凸模的装配

图 5-8 所示模具的凹模为组合式结构，凹模与固定板的配合常采用 H7/n6 或 H7/m6。总装前应先将凹模压入固定板内。在平面磨床上将上、下平面磨平。图 5-8 所示凸模与固定

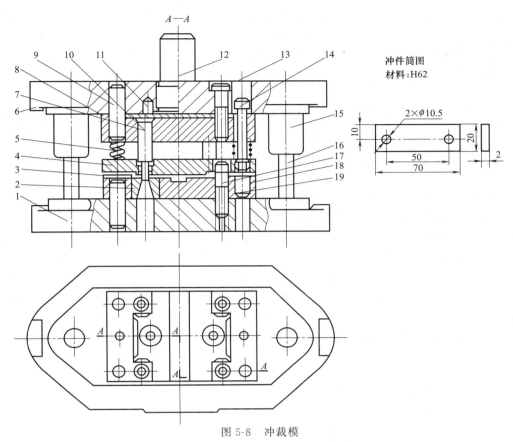

图 5-8 冲裁模

1—下模座；2—凹模；3—定位板；4—弹压卸料板；5—弹簧；6—上模座；7,18—固定板；8—垫板；
9,11,19—销钉；10—凸模；12—模柄；13,17—螺钉；14—卸料螺钉；15—导套；16—导柱

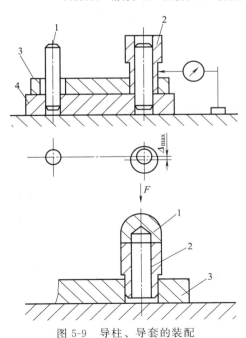

图 5-9 导柱、导套的装配

1—帽形垫块；2—导套；3—上模座；4—下模座

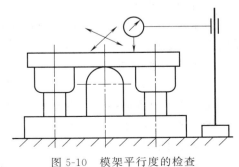

图 5-10 模架平行度的检查

151

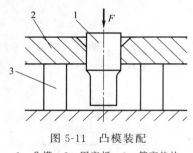

图 5-11 凸模装配
1—凸模；2—固定板；3—等高垫块

板的配合常采用 H7/n6 或 H7/m6。凸模装入固定板后，其固定端的端面应和固定板的支承面处于同一平面内。凸模应和固定板的支承面垂直。

凸模的装配，如图 5-11 所示。

凸模对固定板支承面的垂直度经检查合格后用锤子和凿子将凸模的上端铆合，并在平面磨床上将凸模的上端面和固定板一起磨平。如图 5-12（a）所示。为了保持凸模的刃口锋利，应以固定板的支承面定位，将凸模工作端的端面磨平，如图 5-12（b）所示。

固定端带台肩的凸模如图 5-13 所示。其装配过程与铆合固定的凸模基本相似。压入时应保证端面 C 和固定板上的沉窝底面均匀贴合；否则，因受力不均可能引起台肩断裂。要在固定板上压入多个凸模时，一般应先压入容易定位和便于作为其他凸模安装基准的凸模。凡较难定位或要依靠其他零件通过一定工艺方法才能定位的，应后压入。在实际生产中凸模有多种结构，为使凸模在装配时能顺利进入固定孔，应将凸模压入时的起始部位加工出适当的小圆角、小锥度或在 3mm 长度内将其直径磨小 0.03mm 左右作引导部。当凸模不允许设引导部时，可在凸模固定孔的入口部位加工出约 1°的斜度、高度小于 5mm 的导入部。对无台肩凸模可从凸模的固定端将其压入固定板内。

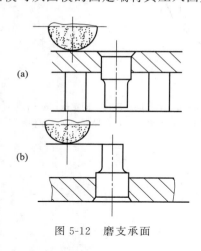

图 5-12 磨支承面

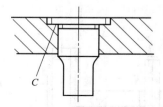

图 5-13 带凸肩的凸模装配

四、低熔点合金和黏结技术的应用

1. 低熔点合金固定法

浇注时，以凹模的型孔作定位基准安装凸模，用螺钉和平行夹头将凸模、凹模固定板和托板固定，如图 5-14 所示。

2. 环氧树脂固定法

（1）结构形式　图 5-15 所示是用环氧树脂黏结法固定凸模的几种结构形式。

（2）环氧树脂黏结剂的主要成分　环氧树脂、增塑剂、硬化剂、稀释剂及各种填料。

（3）浇注　如图 5-16 所示。

3. 无机黏结法

与环氧树脂黏结法相类似，但采用氢氧化铝的磷酸溶液与氧化铜粉末混合作为黏结剂。

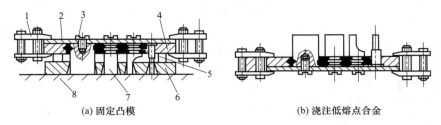

(a) 固定凸模　　　　　　　　　　　(b) 浇注低熔点合金

图 5-14　浇注低熔点合金

1—平行夹头；2—托板；3—螺钉；4—凹模固定板；5—等高垫铁；6—凹模；7—凸模；8—平板

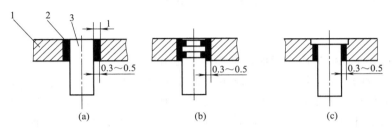

图 5-15　用环氧树脂黏结法固定凸模的形式

1—凸模固定板；2—环氧树脂；3—凸模

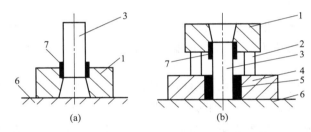

图 5-16　用环氧树脂黏结剂浇注固定凸模

1—凹模；2—垫块；3—凸模；4—固定板；5—环氧树脂；6—平台；7—垫片

（1）无机黏结工艺　清洗—安装定位—调黏结剂—黏结剂固定。

（2）特点　操作简便，黏结部位耐高温、抗剪强度高，但抗冲击的能力差、不耐酸、碱腐蚀。

五、调整冲裁间隙的方法

在模具装配时，保证凸、凹模之间的配合间隙均匀十分重要。凸、凹模的配合间隙是否均匀，不仅影响冲模的使用寿命，而且对于保证冲件质量也十分重要。

① 透光法。

② 测量法。这种方法是将凸模插入凹模型孔内，用塞尺检查凸、凹模不同部位的配合间隙，根据检查结果调整凸、凹模之间的相对位置，使两者在各部分的间隙一致。测量法只适用于凸、凹模配合间隙（单边）在 0.02mm 以上的模具。

③ 垫片法。这种方法是根据凸、凹模配合间隙的大小，在凸、凹模的配合间隙内垫入厚度均匀的纸条（易碎不可靠）或金属片，使凸、凹模配合间隙均匀，如图 5-17 所示。

④ 涂层法。在凸模上涂一层涂料（如磁漆或氨基醇酸绝缘漆等），其厚度等于凸、凹模

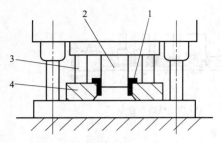

图 5-17 用垫片法调整凸、凹模配合间隙
1—垫片；2—凸模；3—等高垫铁；4—凹模

的配合间隙（单边），再将凸模插入凹模型孔，获得均匀的冲裁间隙，此法简便，对于不能用垫片法（小间隙）进行调整的冲模很适用。

⑤ 镀铜法。镀铜法和涂层法相似，在凸模的工作端镀一层厚度等于凸、凹模单边配合间隙的铜层代替涂料层，使凸、凹模获得均匀的配合间隙。镀层厚度用电流及电镀时间来控制，厚度均匀，易保证模具冲裁间隙均匀。镀层在模具使用过程中可以自行剥落而在装配后不必去除。

六、总装

以图 5-8 所示冲裁模为例，说明冲裁模的装配方法。

图 5—8 所示冲裁模在使用时，下模座部分被压紧在压力机的工作台上，是模具的固定部分。上模座部分通过模柄和压力机的滑块连为一体，是模具的活动部分。模具工作时安装在活动部分和固定部分上的模具工作零件，必须保持正确的相对位置，能使模具获得正常的工作状态。装配模具时为了方便地将上、下两部分的工作零件调整到正确位置，使凸模、凹模具有均匀的冲裁间隙，应正确安排上、下模的装配顺序。否则，在装配中可能出现困难，甚至出现无法装配的情况。

上、下模的装配顺序应根据模具的结构来决定。对于无导柱的模具，凸、凹模的配合间隙是在模具安装，到压力机上时才进行调整，上、下模的装配先后对装配过程不会产生影响，可以分别进行。

装配有模架的模具时，一般总是先将模架装配好，再进行模具工作零件和其他结构零件的装配。是先装配上模部分还是下模部分，应根据上模和下模上所安装的模具零件，在装配和调整过程中所受限制的情况来决定。如果上模部分的模具零件在装配和调整时所受的限制最大，应先装上模部分，并以它为基准调整下模上的模具零件，保证凸、凹模配合间隙均匀。反之，则先装模具的固定部分，并以它为基准调整模具活动部分的零件。

图 5-8 所示冲模在完成模架和凸、凹模装配后可进行总装，该模具宜先装下模。

① 把组装好凹模的固定板安放在下模座上，按中心线找正固定板 18 的位置，用平行夹头夹紧，通过螺钉孔在下模座上钻出锥窝。拆去凹模固定板，在下模座上按锥窝钻螺纹底孔并攻螺纹。再重新将凹模固定板置于下模座上找正，用螺钉紧固。钻铰销孔，打入销钉定位。

② 在组装好凹模的固定板上安装定位板。

③ 配钻卸料螺钉孔。将卸料板 4 套在已装入固定板的凸模 10 上，在固定板上钻出锥窝，拆开后按锥窝钻固定板上的螺钉过孔。

④ 将已装入固定板的凸模 10 插入凹模的型孔中。在凹模 2 与固定板 7 之间垫入适当高度的等高垫铁，将垫板 8 放在固定板 7 上。再以套柱导套定位安装上模座，用平行夹头将上模座 6 和固定板 7 夹紧。通过凸模固定板孔在上模座上钻锥窝，拆开后按锥窝钻孔，然后用螺钉将上模座、垫板、凸模固定板稍加紧固。

⑤ 调整凸、凹模的配合间隙。将装好的上模部分套在导柱上，用手锤轻轻敲击固定板 7 的侧面，使凸模插入凹模的型孔。再将模具翻转，从下模板的漏料孔观察凸、凹模的配合间

隙，用手锤敲击凸模固定板 7 的侧面进行调整使配合间隙均匀。这种调整方法称为透光法。为便于观察可用手灯从侧面进行照射。

经上述调整后，以纸作冲压材料，用锤子敲击模柄，进行试冲。如果冲出的纸样轮廓齐整，没有毛刺或毛刺均匀，说明凸、凹模间隙是均匀的，如果只有局部毛刺，则说明间隙是不均匀的，应重新进行调整直到间隙均匀为止。

⑥ 调好间隙后，将凸模固定板的紧固螺钉拧紧。钻绞定位销孔，装入定位销钉。装入定位销钉将卸料板 4 套在凸模上，装上弹簧和卸料螺钉，检查卸料板运动是否灵活。在弹簧作用下卸料板处于最低位置时，凸模的下端面应缩在卸料板 4 的孔内约 0.5～1mm。

装配好的模具经试冲、检验合格后即可使用。

七、试模

冲模装配完成后，在生产条件下进行试冲，通过试冲可以发现模具的设计和制造缺陷，找出产生原因，对模具进行适当的调整和修理后再进行试冲，直到模具能正常工作，冲出合格的制件，模具的装配过程即告结束。

$$\left.\begin{array}{l}模柄装配—导套装配\\导柱装配\end{array}\right\}—模架—装配下模部分—装配上模部分—试模$$

图 5-8 所示模具在总装时是先装下模部分，但对有些模具则应先装上模部分，以上模工作零件为基准调整下模上的工作零件，则较为方便。

对于连续模，由于在一次行程中有多个凸模同时工作，保证各凸模与其对应型孔都有均匀的冲裁间隙，是装配的关键所在。为此，应保证固定板与凹模上对应孔的位置尺寸一致，同时使连续模的导柱、导套比单工序导柱模有更好的导向精度。为了保证模具有良好的工作状态，卸料板与凸模固定板上的对应孔的位置尺寸也应保持一致。所以在加工凹模、卸料板和凸模固定板时，必须严格保证孔的位置尺寸精度，否则将给装配造成困难，甚至无法装配。在可能的情况下，采用低熔点合金和黏结技术固定凸模，以降低固定板的加工要求。或将凹模作成镶拼结构，以使装配时调整方便。

为了保证冲裁件的加工质量，在装配连续模时要特别注意保证送料长度和凸模间距（步距）之间的尺寸要求。

模具装配是一项技术性很强的工作，传统的装配作业主要靠手工操作，机械化程度低。在装配过程中常常要反复多次将上、下模搬运、翻转、装卸、启合、调整、试模，劳动强度大。对那些结构复杂，精度要求高（如复合模、级进模）、大型模具，则越显突出。为了减轻劳动强度，提高模具装配的机械化程度和装配质量，缩短装配周期，国外进行模具装配时较广泛地采用模具装配机（也有称模具翻转机的）。

模具装配机主要由床身、上台板、工作台（下台板）及传动机构等组成。装配时在上台板及工作台上可分别固定上、下模座，使其具有可以分别装配模具零件的功能。上台板上的滑块可根据上模座的大小确定位置，通过螺钉和压板将上模座固定在适当位置上。

上台板通过左、右支架以及四根导柱与工作台和床身连接，通过相关机构可使上台板在 360°范围内任意翻转、平置定位；沿导柱上、下升降，从而能调整模具的闭合高度以及对准上下模、合模、调整凸、凹模配合间隙。模具可在装配机上进行试冲。

有的模具装配机还设置有钻孔装置，可以在模具装配正确后直接在装配机上钻绞钉孔。

但是，不设钻孔装置的装配机结构简单，装配时自由空间较大，装配更为方便。

任务 3 塑料模的装配

说明：任务 3 的具体内容是，掌握型芯、型腔的装配，掌握浇口套的装配、导柱和导套的装配，掌握推杆的装配、滑块抽芯机构的装配和总装配要求，通过这一具体任务的实施，塑料模的装配有所了解。

知识点与技能点

1. 型芯、型腔的装配。
2. 浇口套的装配、导柱和导套的装配。
3. 推杆的装配、滑块抽芯机构的装配。

相关知识

塑料模装配与冷冲模装配有许多相似之处，但在某些方面其要求更为严格。如塑料模闭合后要求分型面均匀密合。在有些情况下，动模和定模上的型芯也要求在合模后保持紧密接触。类似这些要求常常会增加修配的工作量。

一、型芯的装配

由于塑料模的结构不同，型芯在固定板上的固定方式也不相同，常见的固定方式如图 5-18 所示。

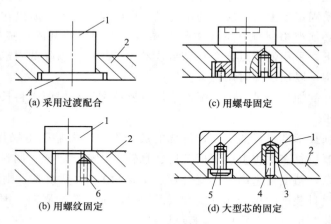

(a) 采用过渡配合   (c) 用螺母固定

(b) 用螺纹固定   (d) 大型芯的固定

图 5-18 型芯的固定方式

1—型芯；2—固定板；3—定位销套；4—定位销；5—螺钉；6—骑缝螺钉

（1）采用过渡配合

图 5-18（a）所示的固定方式其装配过程与装配带台肩的冷冲凸模相类似。为保证装配要求应注意下列几点：

① 检查型芯高度及固定板厚度（装配后能否达到设计尺寸要求），型芯台肩平面应与型芯轴线垂直。

② 固定板通孔与沉孔平面的相交处一般为90°角，而型芯上与之相应的配合部位往往呈圆角（磨削时砂轮损耗形成），装配前应将固定板的上述部位修出圆角，使之不对装配产生不良影响。

（2）用螺纹固定

图 5-18（b）所示固定方式，常用于热固性塑料压模。对某些有方向要求的型芯，当螺纹拧紧后型芯的实际位置与理想位置之间常常出现误差。如图 5-19 所示，α 是理想位置与实际位置之间的夹角。型芯的位置误差可以通过修磨 a 或 b 面来消除。为此，应先进行预装并测出角度 α 的大小，其修磨量 $\triangle_{修磨}$ 按下式计算

$$\triangle_{修磨} = \frac{P}{360°}\alpha$$

式中　P——连接螺纹的螺距，mm；

　　　α——误差角，（°）。

（3）用螺母固定

图 5-18（c）所示螺母固定方式对于某些有方向要求的型芯，装配时只需按设计要求将型芯调整到正确位置后，用螺母固定，使装配过程简便。这种固定形式适合于固定外形为任何形状的型芯，以及在固定板上同时固定几个型芯的场合。

图 5-18（b）、（c）所示型芯固定方式，在型芯位置调好并紧固后要用骑缝螺钉定位。骑缝螺钉孔应安排在型芯淬火之前加工。

（4）大型芯的固定

如图 5-18（d）所示为大型芯的固定。装配时可按下列顺序进行：

① 在加工好的型芯上压入实心的定位销套。

② 根据型芯在固定板上的位置要求将定位块用平行夹头夹紧在固定板上，如图 5-20 所示。

③ 在型芯螺孔口部抹红粉，把型芯和固定板合拢，将螺钉孔位置复印到固定板上取下型芯，在固定板上钻螺钉过孔及锪沉孔；用螺钉将型芯初步固定。

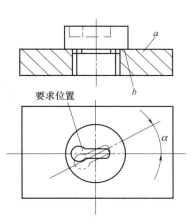

图 5-19　型芯的位置误差

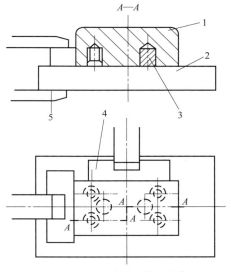

图 5-20　大型芯与固定板的装配

1—型芯；2—固定板；3—定位销套；

4—定位块；5—平行夹头

157

④ 通过导柱导套将卸料板、型芯和支承板装合在一起，将型芯调整到正确位置后拧紧固定螺钉。

⑤在固定板的背面划出销孔位置线。钻、铰销孔，打入销钉。

二、型腔的装配

1. 整体式型腔

图 5-21 是圆形整体型腔的镶嵌形式。型腔和动、定模板镶合后，其分型面上要求紧密无缝，因此，对于压入式配合的型腔，其压入端一般都不允许有斜度。

2. 拼块结构的型腔

图 5-22 所示的是拼块结构的型腔。这种型腔的拼合面在热处理后要进行磨削加工。

3. 拼块结构型腔的装配

为了不使拼块结构的型腔在压入模板的过程中，各拼块在压入方向上产生错位，应在拼块的压入端放一块平垫板，通过平垫板推动各拼块一起移动。如图 5-23 所示。

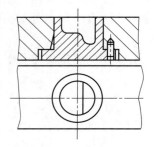

图 5-21　整体式型腔

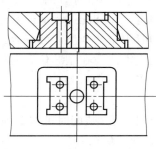

图 5-22　拼块结构的型腔

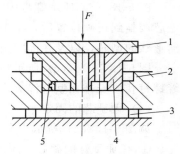

图 5-23　拼块结构型腔的装配
1—平垫板；2—模板；3—等高垫板；
4，5—型腔拼块

4. 型芯端面与加料室底平面间间隙

图 5-24 所示是装配后在型芯端面与加料室底平面间出现了间隙，可采用下列方法消除：

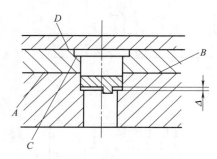

图 5-24　型芯端面与加料室
底平面间出现间隙

① 修磨固定板平面 A。修磨时需要拆下型芯，磨去的金属层厚度等于间隙值 Δ。

② 修磨型腔上平面 B。修磨时不需要拆卸零件，比较方便。

③ 修磨型芯（或固定板）台肩 C。采用这种修磨法应在型芯装配合格后再将支承面 D 磨平。此法适用于多型芯模具。

5. 装配后型腔端面与型芯固定板间间隙

图 5-25（a）所示是装配后型腔端面与型芯固定板间有间隙（Δ）。为了消除间隙可采用以下修配方法：

① 修磨型芯工作面 A，只适用于型芯端面为平面的情况。

② 在型芯台肩和固定板的沉孔底部垫入垫片，如图 5-25（b）所示。此方法只适用于小模具。

③ 在固定板和型腔的上平面之间设置垫块，如图 5-25（c）所示，垫块厚度不小于 2mm。

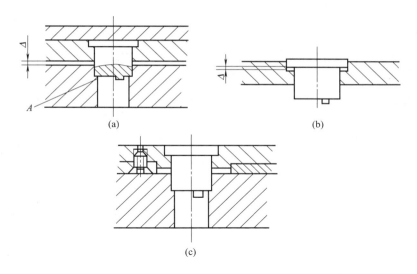

图 5-25 型腔端面与型芯固定板间有间隙

三、浇口套的装配

浇口套与定模板的配合一般采用 H7/m6。它压入模板后，其台肩应和沉孔底面贴紧。装配的浇口套，其压入端与配合孔间应无缝隙。所以，浇口套的压入端不允许有导入斜度，应将导入斜度开在模板上浇口套配合孔的入口处。为了防止在压入时浇口套将配合孔壁切坏，常将浇口套的压入端倒成小圆角。在浇口套加工时应留有去除圆角的修磨余量 Z，压入后使圆角突出在模板之外，如图 5-26 所示。然后在平面磨床上磨平，如图 5-27 所示。最后再把修磨后的浇口套稍微退出，将固定板磨去 0.02mm，重新压入后成为图 5-28 所示的形式。台肩对定模板的高出量 0.02mm 亦可采用修磨来保证。

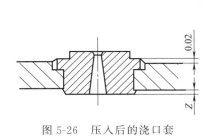

图 5-26 压入后的浇口套

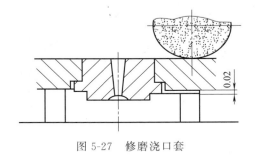

图 5-27 修磨浇口套

四、导柱和导套的装配

导柱、导套分别安装在塑料模的动模和定模部分上，是模具合模和启模的导向装置。导柱、导套采用压入方式装入模板的导柱和导套孔内。对于不同结构的导柱所采用的装配方法也不同。短导柱可以采用图 5-29 所示的方法压入。长导柱应在定模板上的导套装配完 3 和 2 之后，以导套导向将导柱压入动模板内，如图 5-30 所示。

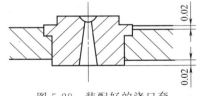

图 5-28 装配好的浇口套

159

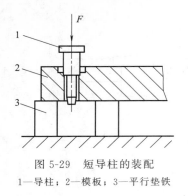

图 5-29　短导柱的装配
1—导柱；2—模板；3—平行垫铁

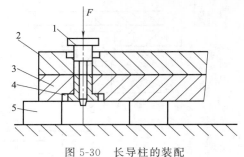

图 5-30　长导柱的装配
1—导柱；2—固定板；3—定模板；4—导套；5—平行垫铁

导柱、导套装配后，应保证动模板在启模和合模时都能灵活滑动，无卡滞现象。因此，加工时除保证导柱、导套和模板等零件间的配合要求外，还应保证动、定模板上导柱和导套安装孔的中心距一致（其误差不大于 0.01mm）。压入前应对导柱、导套进行选配。压入模板后，导柱和导套孔应与模板的安装基面垂直。如果装配后启模和合模不灵活，有卡滞现象，可用红粉涂于导柱表面，往复拉动动模板，观察卡滞部位，分析原因，然后将导柱退出，重新装配。在两根导柱装配合格后再装配第三、第四根导柱。每装入一根导柱均应作上述观察。最先装配的应是距离最远的两根导柱。

五、推杆的装配

推杆的装配与修整如图 5-31 所示。推杆的作用是推出制件。推件时，推杆应动作灵活、平稳可靠。

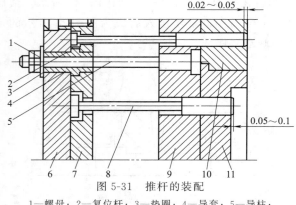

图 5-31　推杆的装配
1—螺母；2—复位杆；3—垫圈；4—导套；5—导柱；
6—推板；7—推杆固定板；8—推杆；9—支承板；
10—动模板；11—型腔镶块

1. 推杆的装配要求

① 推杆的导向段与型腔推杆孔的配合间隙要正确，一般用 H8/f8 配合，注意防止间隙太大漏料。

② 推杆在推杆孔中往复运动应平稳，无卡滞现象。

③ 推杆和复位杆端面应分别与型腔表面和分型面齐平。

2. 推杆固定板的加工与装配

为了保证制作的顺利脱模，各推出元件应运动灵活，复位可靠，推杆固定板与推板需要导向装置和复位支承。其结构型式有：用导柱导向的结构、用复位杆导向的结构和用模脚作推杆固定板支承的结构。下面说明加工和装配方法。

为使推杆在推杆孔中往复平稳，推杆在推杆固定板孔中应有所浮动，推杆与推杆固定孔的装配部分每边留有 0.5mm 的间隙。所以推杆固定孔的位置通过型腔镶块上的推杆孔配钻而得。其配钻过程为：

① 先将型腔镶块 11 上的推杆孔配钻到支承板 9 上，配钻时用动模板 10 和支承板 9 上原有的螺钉与销钉作定位和紧固。

② 再通过支承板上的孔配钻到推杆固定板 7 上。两者之间可利用已装配好的导柱 5、导套 4 定位，用平行夹来夹紧。

在上述配钻过程中，还可以配钻固定板上其他孔，如复位杆和拉料杆的固定孔。

3. 推杆的装配与修磨

① 将推杆孔入口处和推杆顶端倒成小圆角或斜度。

② 修磨推杆尾部台肩厚度，使台肩厚度比推杆固定板沉孔的深度小 0.05mm 左右。

③ 装配推杆时将导套 4 的推杆固定板 7 套在导柱 5 上，然后将推杆 8 复位杆 2 穿入推杆固定板、支承板和型腔镶块推杆孔，而后盖上推板 6，并用螺钉紧固。

④ 将导柱台肩尺寸修磨到正确尺寸。由于模具闭合后，推杆和复位杆的极限位置决定于导柱的台阶尺寸。因此在修磨推杆端面之前，先将推板复位到极限位置，如果推杆低于型面，则应修磨导柱台阶；如推杆高出型面，则可修磨推板 6 的底平面。

⑤ 修磨推杆和复位杆的顶端面时，先将推板复位到极限位置，然后分别测量出推杆和复位杆高出型面与分型面的尺寸，确定修磨量。修磨后，推杆端面应与型面齐平，但可高出 0.05～0.10mm；复位杆与分型面齐平，但可低 0.02～0.05mm。

当推杆数量较多时，装配应注意两个问题：一是应将推杆与推杆孔进行选配，防止组装后，出现推杆动作不灵活、卡紧现象；二是必须使各推杆端面与制件相吻合，防止顶出点的偏斜，推力不均匀，使制件脱模时变形。

六、滑块抽芯机构的装配

滑块抽芯机构（见图 5-32）装配后，应保证滑块型芯与凹模达到所要求的配合间隙；滑块运动灵活、有足够的行程、正确的起止位置。滑块装配常常要以凹模的型面为基准。因此，它的装配要在凹模装配后进行。其装配顺序如下。

（1）装配凹模（或型芯）　将凹模镶拼压入固定板。磨上、下平面并保证尺寸 A。如图 5-33 所示。

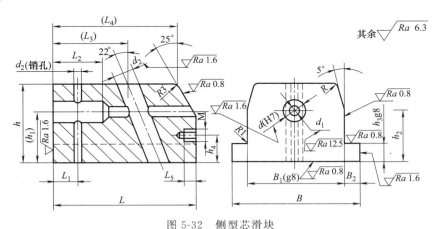

图 5-32　侧型芯滑块

（2）加工滑块槽　将凹模镶块退出固定板，精加工滑块槽。其深度按 M 面决定，如图 5-33 所示。N 为槽的底面。T 形槽按滑块台肩实际尺寸精铣后，钳工最后修正。

（3）钻型芯固定孔　利用定中心工具在滑块上压出圆形印迹，如图 5-34 所示。按印迹找正，钻、镗型芯固定孔。

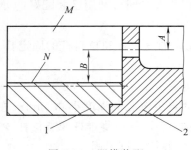

图 5-33　凹模装配

1—凹模固定板；2—凹模镶块

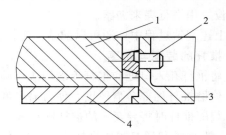

图 5-34　型芯固定孔压印图

1—侧型芯滑块；2—定中心工具；3—凹模镶块；4—凹模固定板

（4）装配滑块型芯　在模具闭合时滑块型芯应与定模型芯接触，如图 5-35 所示。一般都在型芯上留出余量通过修磨来达到。其操作过程如下：

① 将型芯端部磨成和定模型芯相应部位吻合的形状。

② 将滑块装入滑块槽，使端面与型腔镶块的 A 面接触，测得尺寸 b。

③ 将型芯装入滑块并推入滑块槽，使滑块型芯与定模型芯接触，测得尺寸 a。

④ 修磨滑块型芯，其修磨量为 $b-a-(0.05\sim0.1)\mathrm{mm}$。$0.05\sim0.1\mathrm{mm}$ 为滑块端部与型腔镶块 A 之间的间隙。

⑤ 将修磨正确的型芯与滑块配钻销钉孔后用销钉定位。

（5）模紧块的装配　在模具闭合时模紧块斜面必须和滑块斜面均匀接触，并保证有足够的锁紧力。为此，在装配时要求在模具闭合状态下，分模面之间应保留 0.2mm 的间隙，如图 5-36 所示，此间隙靠修磨滑块斜面预留的修磨量保证。此外，模紧块在受力状态下不能向闭模方向松动，所以，模紧块的后端面应与定模板处于同一平面。

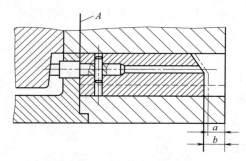

图 5-35　型芯修磨量的测量

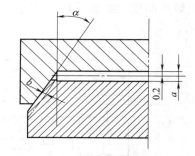

图 5-36　滑块斜面的修磨量

根据上述要求，模紧块的装配方法如下：

① 用螺钉紧固模紧块。

② 修磨滑块斜面，使与模紧块斜面密合。其修磨量为

$$b=(a-0.2)\sin\alpha\,(\mathrm{mm})$$

③ 模紧块与定模板一起钻铰定位销孔，装入定位销。

④ 将模紧块后端面与定模板一起磨平。

（6）修磨限位块　开模后滑块复位的起始位置由限位块定位。在设计模具时一般使滑块后端面与定模板外形齐平，由于加工中的误差而使两者不处于同一平面时，可按需要将限位块修磨成台阶形。

七、总装

1. 总装图

图 5-37 所示是热塑性塑料注射模的装配图，其装配要求如下：

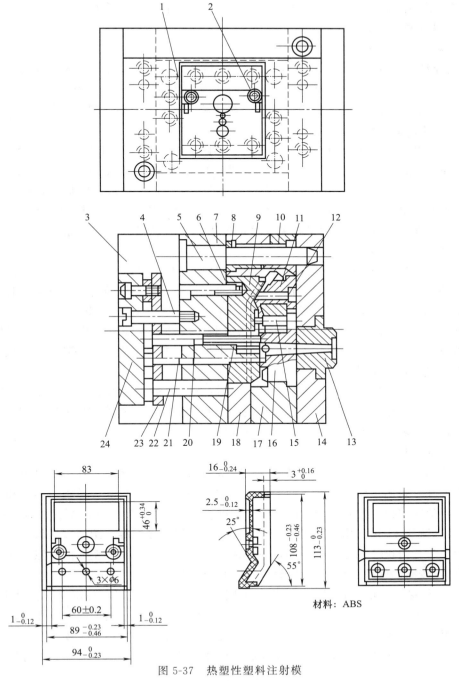

图 5-37 热塑性塑料注射模

1—矩形推杆；2—嵌件螺杆；3—垫块；4—限位螺杆；5—导柱；6—销套；7—动模固定板；

8,10—导套；9,12,15—型芯；11,16—镶块；13—浇口套；14—定模座板；17—定模；

18—卸料板；19—拉料杆；20,21—推杆；22—复位杆；23—推杆固定板；24—推板

① 装配后模具安装平面的平行度误差不大于 0.05mm。

② 模具闭合后分型面应均匀密合。

③ 导柱、导套滑动灵活，推件时推杆和卸料板动作必须保持同步。

④ 合模后，动模部分和定模部分的型芯必须紧密接触。

在进行总装前，模具已完成导柱、导套等零件的装配并检查合格。

2. 模具的总装顺序

（1）装配动模部分

① 装配型芯。在装配前，钳工应先修光卸料板 18 的型孔，并与型芯作配合检查，要求滑块灵活，然后将导柱 5 穿入卸料板导套 8 的孔内，将动模固定板 7 和卸料板合拢。在型芯上的螺孔口部涂红粉后放入卸料板型孔内，在动模固定板上复印出螺孔的位置。取下卸料板和型芯，在固定板上加工螺钉过孔。

把销钉套压入型芯并装好拉料杆后，将动模固定板、卸料板和型芯重新装合在一起，调整好型芯的位置后，用螺钉紧固。按固定板背面的划线，钻、铰定位销孔，打入定位销。

② 动模固定板上的推杆孔。先通过型芯上的推杆孔，在动模固定板上钻锥窝；拆下型芯，按锥窝钻出固定板上的推杆孔。将矩形推杆穿入推杆固定板、动模固定板和型芯（板上的方孔已在装配前加工好）。用平行夹头将推杆固定板和动模固定板夹紧，通过动模固定板配钻推杆固定板上的推杆孔。

③ 配作限位螺杆孔和复位杆孔。首先在推杆固定板上钻限位螺杆过孔和复位杆孔。用平行夹板将动模固定板与推杆固定板夹紧，通过推杆固定板的限位螺杆孔和复位杆孔在动模固定板上钻锥窝，拆下推杆固定板，在动模固定板上钻孔并对限位螺杆孔攻螺纹。

④ 推杆及复位杆。将推板和推杆固定板叠合，配钻限位螺钉过孔及推杆固定板上的螺孔并攻螺纹。将推杆、复位杆装入固定板后盖上推板用螺钉紧固，并将其装入动模，检查及修磨推杆、复位杆的顶端面。

⑤ 垫块装配。先在垫块上钻螺钉过孔、锪沉孔。再将垫块和推板侧面接触，然后用平行夹头把垫块和动模固定板夹紧，通过垫块上的螺钉过孔在动模固定板上钻锥窝，并钻、铰销钉孔。拆下垫块在动模固定板上钻孔并攻螺纹。

（2）装配定模部分

① 镶块 11、16 与定模 17 的装配。先将镶块 16、型芯 15 装入定模，测量出两者突出型面的实际尺寸。退出定模，按型芯 9 的高度和定模深度的实际尺寸，单独对型芯和镶块进行修磨后，再装入定模，检查镶块 16、型芯 15 和型芯 9，看定模与卸料板是否同时接触。将型芯 12 装入镶块 11 中，用销孔定位。以镶块外形和斜面作基准，预磨型芯斜面。将经过上述预磨的型芯、镶块装入定模，再将定模和卸料板合拢，测量出分型面的间隙尺寸后，将镶块 11 退出，按测出的间隙尺寸，精磨型芯的斜面到要求尺寸。

② 定模和定模座板的装配。在定模和定模座板装配前，浇口套与定模座板已组装合格。因此，可直接将定模与定模座板叠合，使浇口套上的浇道孔和定模上的浇道孔对正后，用平行夹头将定模和定模座板夹紧，通过定模座板孔在定模上钻锥窝及钻、铰销孔。然后将两者拆开，在定模上钻孔并攻螺纹。再将定模和定模座板叠合，装入销钉后将螺钉拧紧。

八、试模

模具装配完成以后，在交付生产之前，应进行试模，试模的目的有二：其一是检查模具在制造上存在的缺陷，并查明原因加以排除；其二是对模具设计的合理性进行评定并对成形工艺条件进行探索，这将有益于模具设计和成形工艺水平的提高。

在模具装上注射机之前，应按设计图样对模具进行检验，以便及时发现问题，进行修理，减少不必要的重复安装和拆卸。在对模具的固定部分和活动部分进行分开检查时，要注意方向记号，以免合拢时搞错。

模具尽可能整体安装，吊装时要注意安全，操作者要协调一致密切配合。当模具定位圈装入注射机上定模板的定位圈座后，可以极慢的速度合模，由动模板将模具轻轻压紧，然后装上压板。通过调节螺钉，将压板调整到与模具的安装基面基本平行后压紧，如图 5-38 所示。压板位置绝不允许像图中双点画线所示。压板的数量，根据模具的大小进行选择，一般为 4～8 块。

在模具被紧固后可慢慢启模，直到动模部分停止后退，这时应调节机床的顶杆使模具上的推杆固定板和动模支承板之间的距离不小于 5mm，以防止顶坏模具。

为了防止制件溢边，又保证型腔能适当排气，合模的松紧程度很重要。由于目前还没有锁模力的测量装置，因此对注射机的液压柱塞-肘节锁模机构，主要是凭目测和经验调节。即在合模时，肘节先快后慢、既不很自然、也不太勉强地伸直时，合模的松紧程度就正好合适。对于需要加热的模具，应在模具达到规定温度后再校正合模的松紧程度。

最后，接通冷却水管或加热线路。对于采用液压或电动机分型模具的也应分别进行接通和检验。试模过程中易产生的缺陷及原因见表 5-4。

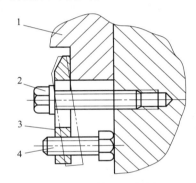

图 5-38　模具的紧固
1—座板；2—压紧螺钉；3—压板；4—调节螺钉

表 5-4　试模过程中易产生的缺陷及原因

原因	质件不足	溢料	凹痕	银丝	熔接痕	气泡	裂纹	翘曲变形
成形周期太长		✓		✓				
料筒温度太低	✓					✓	✓	
注射压力太低	✓		✓		✓	✓		
模具温度太低			✓					✓
料筒温度太高		✓	✓	✓		✓		
注射压力太高		✓					✓	
模具温度太高				✓				✓
注射速度太慢	✓							
注射时间太长				✓	✓		✓	
注射时间太短	✓		✓		✓			
加料太多		✓						
加料太少	✓		✓					
原料含水分过多			✓					
分流道或铸口太小	✓		✓	✓	✓			
模穴排气不好	✓			✓		✓		
制件太厚或变化太大			✓			✓		

原因	质件不足	溢料	凹痕	银丝	熔接痕	气泡	裂纹	翘曲变形
制件太薄	√							
成形机能不足	√		√	√				
成形机锁模力不足		√						

在试模过程中应详细记录，并将结果填入试模记录卡，注明模具是否合格。

案例教学

一、热固性塑料移动式压模装配实例

热固性塑料移动式压模如图 5-39 所示。

1. 装配要求

① 保证模具上下平面的平行偏差不大于 0.05mm。

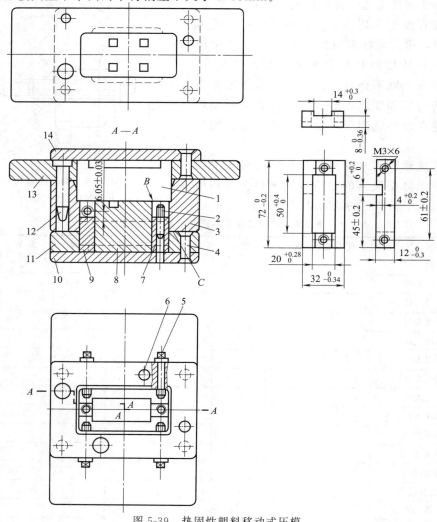

图 5-39　热固性塑料移动式压模

1—上型芯；2,5—嵌件螺杆；3—凹模；4—铆钉；6,12—导钉；7,9—型芯拼块；
8—下型芯；10,14—支承板；11—下固定板；13—上固定板

② B 面与 C 面必须同时接触。

③ 保证尺寸 (6.05 ± 0.03)mm。

装配时以型腔为装配基准。

2. 装配工艺

① 按图样检验零件尺寸。

② 用压印块压印修整型腔，使之与型芯紧密配合。再按图纸要求加工型腔的其余部分。

③ 用上型芯压印精修上固定板型孔并组装。用压印块压印精修下固定板型孔，按配合要求将下型芯和镶块压入。

④ 修磨上、下型芯组装后的高度和修磨型腔上、下两平面达到装配要求。

⑤ 用软质垫片保持型腔和上型芯之间的间隙均匀，用平行夹板夹紧后，钻、铰、镗导柱孔，拆开后锪台肩并压入导柱。

⑥ 将全部已加工并经热处理淬硬的型芯、型芯镶块和型腔进行镀铬，然后再对工作表面研磨抛光至 $Ra\leqslant0.1\mu m$。

⑦ 总装配，试模合格后打标记。

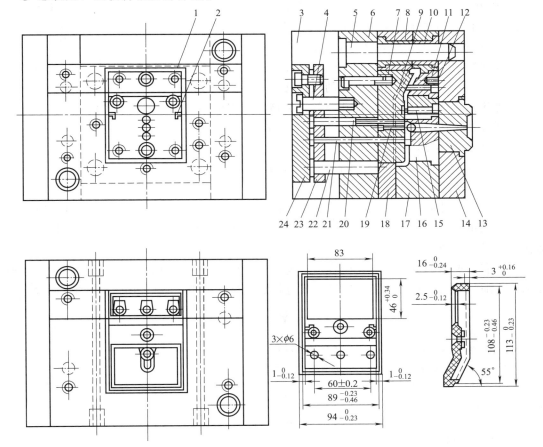

图 5-40 热塑性塑料注射模

1—嵌件螺杆；2—矩形推杆；3—模脚；4—限位螺钉；5—导柱；6—支承板；7—销套；
8,10—导套；9,12,15—型芯；11,16—镶块；13—浇口套；14—定模座板；17—定模；
18—卸料板；19—拉杆；20,21—推杆；22—复位杆；23—推杆固定板；24—推板

二、热塑性塑料注射模实例

图 5-40 所示为热塑性塑料注射模，材料：塑料（ABS）。

1. 装配要求

① 模具上下平面的平行度偏差不大于 0.05mm，分型面处需密合。

② 顶件时顶杆和卸料板动作必须保持同步。上下模型芯必须紧密接触。

2. 装配工艺

a. 按图样要求检验各零件尺寸。

b. 修磨定模与卸料板分型曲面的密合程度。

c. 将定模、卸料板和支承板叠合在一起并用夹板夹紧，镗导柱、导套孔，在孔内压入工艺定位销后，加工侧面的垂直基准。

d. 利用定模的侧面垂直基准确定定模上实际型腔中心，作为以后加工的基准，分别加工定模上的小型芯孔、镶块型孔的线切割工艺穿丝孔和镶块台肩面。修磨定模型腔部分，并压入镶块组装。

e. 利用定模型腔的实际中心，加工型芯固定型孔的线切割穿丝孔，并进行线切割型孔。

f. 在定模卸料板和支承板上分别压入导柱、导套，并保持导向可靠，滑动灵活。

g. 用螺孔复印法和压销钉套法，紧固定位型芯于支承板上。

h. 过型芯引钻、铰支承板上的顶杆孔。

i. 过支承板引钻顶杆固定板上的顶杆孔。

j. 加工限位螺钉孔、复位杆孔，并组装顶杆固定板。组装模脚与支承板。

k. 在定模座板上加工螺孔、销钉孔和导柱孔，并将浇口套压入定模座板上。

l. 装配定模部分。

m. 装配动模部分，并修正顶杆和复位杆长度。

n. 装配完毕进行试模，试模合格后打标记并交验入库。

为了防止制件溢料，又保证型腔能适当排气，合模的松紧程度很重要。由于目前还没有锁模力的测量装置．因此对注射机的液压柱塞-肘节锁模机构，主要是凭目测和经验调节。即在合模时，肘节先快后慢，使得合模的松紧程度合适。

对于需要加热的模具，应在模具达到规定温度后再校正合模的松紧程度。最后，接通冷却水管或加热线路。对于采用液压马达或电机启闭模具的也应分别进行接通加以检验。

思考与练习

1. 什么是装配尺寸链？如何确定封闭环和组成环？

2. 模具装配的方法有哪些？它们分别有哪些特点？

3. 模具零件的固定方法有哪些？

4. 冷冲模的凹、凸模间隙的控制有哪些方法？

5. 有滑块抽芯机构的装配时，一般以什么为基准？它的一般装配顺序如何？

6. 简述塑料模具的总装配过程。

参考文献

［1］ 刘航. 模具制造技术 ［M］. 西安：西安电子科技大学出版社，2006.

［2］ 傅建军. 模具制造工艺 ［M］. 北京：机械工业出版社，2005.

［3］ 伍先明，王群. 塑料模具设计指导 ［M］. 北京：国防工业出版社，2008.

［4］ 王敏杰，宋满仓. 模具制造技术 ［M］北京：电子工业出版社，2004.

［5］ 胡红军. 模具制造技术 ［M］. 重庆：重庆大学出版社，2014.

［6］ 张信群. 模具制造技术 ［M］. 北京：人民邮电出版社，2010.

［7］ 宋建丽. 模具制造技术 ［M］. 北京：机械工业出版社，2012.

［8］ 屈华昌. 塑料成型工艺与模具设计 ［M］. 北京：高等教育出版社，2005.

［9］ 周兰菊，王广印，杨建国等. 金工实训 ［M］. 北京：人民邮电出版社，2013.

［10］ 傅建军. 模具制造工艺 ［M］. 北京：机械工业出版社，2004.